RÉACTIONS

DE

LA HAUTE TEMPÉRATURE

ET DES

MOUVEMENTS DE LA MER IGNÉE INTERNE

SUR

LA CROUTE EXTÉRIEURE DU GLOBE.

GÉOLOGIE GÉNÉRALE.

RÉACTIONS

DE

LA HAUTE TEMPÉRATURE

ET DES

MOUVEMENTS DE LA MER IGNÉE INTERNE

SUR LA CROUTE EXTÉRIEURE DU GLOBE.

PAR

J. BOURLOT

Professeur de mathématiques pures et appliquées au Lycée impérial de Colmar.

Membre de la Société d'agriculture, sciences, arts et commerce de la Haute-Saône.

Membre du Comice agricole de Lille (Nord), de l'Académie nationale et de l'Association scientifique de Paris.

Membre de la Société d'émulation des Vosges et de la Société d'histoire naturelle de Colmar.

Étude sur les mouvements diurnes ou les marées du sol.

PARIS

LEIBER, LIBRAIRE-ÉDITEUR, RUE DE SEINE-SAINT-GERMAIN, 13

COLMAR

CHEZ M. BARTH, LIBRAIRE, GRAND'RUE, 22

STRASBOURG

CHEZ DERIVAUX, LIBRAIRE, RUE DES HALLEBARDES, 23

1865

STRASBOURG, TYPOGRAPHIE DE G. SILBERMANN.

SÉRIE D'ÉTUDES

AYANT POUR OBJET

LES RÉACTIONS DE LA HAUTE TEMPÉRATURE

ET

DES MOUVEMENTS DE LA MER IGNÉE INTERNE

sur la croûte extérieure du globe.

DIVISION DU TRAVAIL.

Les premières questions que nous ayons à nous poser en commençant ces études, sont sans doute celles-ci : Est-il bien certain que la partie centrale de notre globe soit à une température très-élevée ? Est-il bien certain que le sol qui porte et nourrit les plantes et les animaux ne soit qu'une écorce solidifiée par refroidissement, emprisonnant une mer ignée intérieure ? Nous aurons donc à exposer la série des faits observés, dont les conséquences ont amené la presque totalité des géologues à mettre la réponse affirmative au rang des vérités bien établies. Après avoir toutefois dit préalablement quelles sont les principales causes qui régissent le monde matériel en général et agissent sur la terre en particulier, nous examinerons quels effets ont pu et peuvent produire ces causes sur un système comme notre terre.

Parmi ces effets, les uns sont constants et périodiques comme les marées des Océans, et se traduisent par des mouvements semblables du sol. Dans une première étude, nous établirons que la croûte terrestre est en réalité soumise à un mouvement oscillatoire vertical, comme la surface des mers, c'est-à-dire, que deux fois dans une certaine période le sol d'un lieu monte et s'abaisse. Mais nous aurons dû exposer d'abord sommairement les lois du monde matériel dont ces mouvements sont la conséquence, et encore les notions sur la constitution physique de notre globe qui font concevoir la possibilité de l'oscillation. Ceci nous imposera l'obligation d'entrer dans quelques détails théoriques sur la géogénie, dont nous dirons les principes les plus généralement admis.

Une deuxième étude sera consacrée à l'examen des mouvements verticaux non périodiques ou à grandes périodes de certaines régions géographiques. Nous dirons les observations qui ont constaté que des changements de niveau remarquables ont affecté certaines régions, sans que l'histoire rattache ces mouvements à des secousses violentes *datées*.

Dans une troisième étude, nous essaierons de définir complétement *par les faits* ces mouvements assurément non périodiques et d'un caractère généralement violent, qu'on appelle *tremblements de terre*.

Une quatrième étude aura pour objet cet ordre de phénomènes qu'on appelle *éruptions volcaniques*, où les causes générales déterminent l'arrivée au jour de l'atmosphère de matériaux de diverses natures.

Dans une cinquième étude, qui ne sera qu'un complément de la précédente, nous dirons l'histoire complète des éruptions du Vésuve, qui, pour beaucoup de raisons, est celui des volcans, qui nous intéresse le plus, et parce que d'ailleurs c'est celui qu'on a le mieux observé.

Enfin, une sixième étude renfermera les théories avancées pour expliquer tous les faits dits *plutoniens*, et nous y risquerons les formules de nos explications *personnelles*.

Nous n'avons certes pas la prétention de donner nos théories comme des explications certaines : ce ne sont que des hypothèses, de même que ce que dans les sciences physiques on décore du nom de *lois*. Nous hasarderons nos hypothèses, parce qu'elles nous semblent rendre compte des faits du genre correspondant et les expliquer d'une manière satisfaisante. D'ailleurs on jugera.

Colmar, le 25 octobre 1865.

ÉTUDE

SUR

LES MOUVEMENTS DIURNES

OU

LES MARÉES DU SOL.

Sommaire et division.

MOUVEMENTS PÉRIODIQUES

ou

MARÉES DU SOL.

CHAPITRE I.

Principes généraux et applications théoriques.

§ 1er. Principes généraux.

L'attractivité est une propriété ou une loi générale et même universelle de la matière : il n'est pas un atome dans le monde qui échappe à l'action des forces par lesquelles l'existence de l'attraction ne cesse de se manifester. Aussi ces forces entrent-elles pour une très-grande part dans les causes des phénomènes du monde physique. Et, en effet, sous le nom de *gravitation*, l'attraction se combine avec d'autres causes pour faire les lois des positions relatives des mondes qui peuplent l'espace ; quand on l'appelle *pesanteur*, elle indique cet effort par lequel les corps soumis à l'influence de la terre sont sollicités vers le centre de notre globe ; enfin, dans chaque corps, sous la dénomination d'*attraction moléculaire*, la même cause, se composant avec certaines forces répulsives, concourt à régir les distances mutuelles des molécules de la masse et à constituer l'état physique sous lequel cette masse se présente.

Les lois des attractions matérielles, — gravitation, pesanteur ou attraction moléculaire, — se traduisent par des formules identiques, dont l'exactitude s'est vérifiée dans tous les cas où la vérification est possible : toujours l'intensité de la force est proportionnelle directement aux masses qui s'attirent, et inversement proportionnelle aux carrés de leurs distances ; partout, pour chaque corps ou pour chaque fraction de corps, elle agit comme si les éléments du corps ou de la fraction étaient concentrés en son centre de gravité.

Ainsi, prenons pour exemple deux masses sphériques de plomb ayant respectivement des poids de 100 et de 50 kilogrammes, les centres de gravité qui coïncident ici avec les centres des figures étant distants de 1 mètre. Ces corps agiront l'un sur l'autre par des attractions mutuelles, absolument comme si chacun était réduit à ce point géométrique qu'on appelle son *centre*, et que ces points sans étendue eussent les poids respectifs de 100 et de 50 kilogrammes ; puis l'énergie attractive de la première sphère sur la seconde sera deux fois plus considérable que celle de la seconde sur la première. D'un autre côté, si l'on éloignait les masses de façon que la distance de leurs centres devînt 2 mètres, 3 mètres etc., c'est-à-dire double ou triple etc., la tendance de chaque corps à se rapprocher de l'autre se traduirait par un effort quatre fois, neuf fois etc. moindre que dans le cas de la distance de 1 mètre.

Une autre propriété non moins universellement inhérente à l'existence de la matière, c'est l'indifférence des corps à modifier spontanément leur état de repos ou les circonstances d'un mouvement qu'ils doivent à un ensemble quelconque de causes extérieures. Cette indifférence, à laquelle on donne le nom de *loi d'inertie*, veut que, si un corps est en repos, il persiste à rester immobile tant qu'une cause extérieure n'agit pas sur lui, et que, si ce corps doit un mouvement à une action ou à un certain nombre d'actions, il persévère à se mouvoir du mouvement qu'il avait après la dernière action, tant qu'une nouvelle cause modificatrice ne viendra pas déterminer un changement.

Qu'un corps ne passe pas spontanément de l'état de repos à l'état de mouvement, tout le monde l'admet : il n'est personne qui conteste cette première conséquence de la loi d'inertie ; mais on n'est pas toujours aussi bien édifié relativement à la deuxième conséquence, la persistance dans un mouvement, sans modification de ce mouvement. La deuxième conséquence veut dire, en effet, que, si un corps est lancé dans une direction quelconque, il devra se mouvoir indéfiniment en ligne droite, et conserver, aussi indéfiniment, la vitesse du déplacement initial. Or, si la réflexion ne vient pas en aide à l'observation des faits, on pourra croire qu'il n'en est jamais ainsi, parce qu'on voit des mobiles qu'aucun lien apparent ne semble entraver, par exemple les projectiles de l'artillerie, décrire dans l'air des courbes appelées *trajectoires*, avec des vitesses variables ; parce qu'on voit des corps qui roulent sur des surfaces planes et unies, y user leur mouvement et finir par s'y arrêter au repos etc. Mais un corps, par exemple une bombe, lancé obliquement à l'horizon, n'est pas soumis à la seule impulsion initiale ; la résistance de l'air, l'attraction terrestre ou la pesanteur ne cessent pas d'agir sur le projectile comme forces modificatrices de l'effet produit par l'impulsion, et c'est à ces causes extérieures que doivent être attribuées les modifications qui surviennent au premier mouvement. De même, si un corps qui roule finit par s'arrêter, c'est que, quelque unie que soit une surface, elle présente toujours des aspérités, des inégalités que l'œil nu ne distingue pas, mais qui n'en existent pas moins : ce sont ces aspérités qui usent peu à peu le mouvement et finissent par l'éteindre. Dans tous les cas, en y réfléchissant, on reconnaîtra que les modifications que subit le mouvement d'un corps, ne doivent être attribuées qu'à des causes extérieures à ce corps.

C'est la loi d'inertie qui engendre dans chaque masse, dans chaque molécule qui se meut suivant une trajectoire non rectiligne, la répulsion qu'on nomme *force centrifuge*. En effet, la tendance de chaque atome d'un mobile à persister dans son mouvement actuel, c'est-à-dire à continuer de se mouvoir avec la vitesse qu'il a et suivant l'élément de trajectoire qu'il parcourt actuellement, cette tendance veut que chaque atome fasse effort pour s'échapper par la tangente de la courbe au point occupé par le mobile, et agisse contre la force ou l'obstacle qui le maintient sur cette courbe avec une énergie qui varie suivant diverses circonstances. Dans le mouvement circulaire, en particulier, les énergies centrifuges ou les efforts des tendances à s'éloigner de l'axe du mouvement sont directement proportionnels aux masses et aux carrés des vitesses des molécules considérées, et en même temps inversement proportionnels aux distances de ces mêmes molécules à l'axe de la rotation. Cette loi est d'ailleurs applicable, lorsque, au lieu de molécules, ce sont des corps à dimensions plus ou moins considérables que l'on envisage ; car alors la force centrifuge agit sur le centre de gravité, comme si toute la masse était concentrée en ce point. Elle est applicable encore, quelle que soit la trajectoire décrite par le mobile, puisque celui-ci, ou plutôt son centre de gravité, peut être à chaque instant considéré comme parcourant un élément d'un *cercle osculateur,* dont le rayon mesure la distance à l'axe de rotation. — Rappelons qu'on appelle cercle osculateur d'une courbe en un point le cercle dont l'arc approche le plus de se confondre avec celui de la courbe au point considéré.

Quelle que soit l'action développée par l'énergie centrifuge sur une molécule animée d'un mouvement circulatoire, l'effet deviendra double, triple, quadruple etc., si l'on conçoit que deux, trois, quatre molécules de même nature ou seulement de même masse, soient groupées de manière à avoir le même mouvement que la molécule unique. Par exemple, des balles de plomb de 100, de 200, de 300 grammes étant suspendues aux extrémités libres de fils de même longueur, si on fait tourner ces balles autour des autres extrémités des fils, de façon à leur faire décrire à toutes le même nombre de circonférences dans un temps déterminé, la deuxième balle déterminera dans le fil une tension double, et la troisième une tension triple de celle que produira la première. Si l'on conçoit maintenant que des balles de même poids soient mises en mouvement circulatoire à l'aide de fils de même longueur, et que dans un temps donné la deuxième fasse deux fois, la troisième trois fois plus de tours que la première, les vitesses seront respectivement deux fois, trois fois plus grandes pour celles-ci que pour la première, et les énergies centrifuges quatre fois, neuf fois plus considérables. Enfin concevons que les balles de même poids, suspendues aux extrémités de fils de longueurs proportionnelles aux nombres 1, 2, 3, fassent dans un temps donné des nombres de tours proportionnels aussi à 1, 2, 3, les vitesses et les masses seront les mêmes ; mais les distances au point central, différentes selon les actions centrifuges, seront entre elles comme les nombres 3, 2, 1, c'est-à-dire que l'énergie centrifuge sera pour la première trois fois et pour la seconde deux fois plus grande que pour la troisième.

Des propriétés de l'attraction et du principe d'inertie découlent la presque-totalité des lois qui régissent le monde matériel. La cosmogénie en général et la géogénie en particulier ne sont guère que des corollaires de la définition rigoureuse et complète des effets que produisent et la gravitation universelle et la force centrifuge due à l'inertie. Nous aurons à examiner des résultats de cette double nature de causes, en les étudiant d'abord dans des cas purement hypothétiques ; puis nous passerons des hypothèses aux réalités que présente l'application au globe terrestre.

Observation. Nous verrons, en étudiant les effets propres à la terre, qu'il est un autre agent sans lequel certaines manifestations des autres actions ne pourraient se faire bien sensiblement : cet autre agent, c'est le calorique. Lorsque la chaleur accumulée dans un corps le maintient liquide ou gazeux, elle le rend propre à subir facilement des changements de figure, tandis que, dans le même corps refroidi et solidifié, les modifications dans la forme ne peuvent se faire que sous des actions beaucoup plus énergiques. Puis encore, quand une substance liquide ou même solide passe à l'état de vapeur sous une forte accumulation de chaleur, il se développe, comme chacun sait, une force expansive, dite *force élas-*

tique, dont les effets de pression sur les parois de la capacité qui contient la vapeur, peuvent prendre une énergie excessivement considérable et déterminer des modifications importantes dans ces parois. Aussi devons-nous compter la chaleur parmi les causes cosmogoniques et géogéniques. Puis nous pouvons joindre à cette nomenclature l'électricité et le magnétisme, dont les actions se manifestent par des attractions ou des répulsions et par des effets lumineux et calorifiques. Nous avons nommé maintenant à peu près tous les agents connus qui régissent les faits du monde matériel. Entrons dans les applications.

§ 2. Applications théoriques des principes généraux.

Si l'espace, au lieu de cette multitude innombrable de mondes qui le peuplent, n'en contenait qu'un seul, composé d'éléments exclusivement fluides, homogènes ou hétérogènes, chaque point matériel de ce corps ne serait évidemment sollicité que par une seule force, la résultante des attractions de tous les points matériels de l'ensemble, et cette résultante émanerait nécessairement d'un point intérieur au corps. Il est clair qu'il n'y aurait alors d'équilibre stable que lorsque les éléments mobiles de l'ensemble, après un nombre plus ou moins grand de déplacements et d'oscillations, auraient pris autour du centre d'attraction des positions symétriques. Or la symétrie de forme, seule compatible avec les lois de l'attraction, — cette force agissant seule et émanant d'un point intérieur au corps, — ne peut se rencontrer que dans la sphère. De plus, si les matériaux mobiles dont le corps se compose sont hétérogènes, il fau-

dra évidemment que les substances de chaque nature,
ou mieux de chaque densité, se disposent en enveloppes
concentriques, de densités décroissantes à partir du
centre d'attraction. La figure sphérique est donc celle
que prendrait le corps ou le monde fluide qui existerait
seul dans l'espace, et la densité irait décroissant du
centre à la surface.

Admettons maintenant que le corps toujours unique
dans l'immensité n'y soit pas en repos, comme nous
l'avons implicitement supposé, mais qu'il ait d'abord
seulement un mouvement de rotation autour d'un axe
passant par son centre : alors interviendra la force centrifuge. Sous l'influence de cette nouvelle action, il se
produira une modification dans la forme, qui ne pourra
plus être celle qu'avait le corps soumis à l'attraction
centrale seule. Que l'on considère, en effet, une des
couches sphériques très-minces dans lesquelles est dé-
composable la masse sphérique au repos, on comprend-
dra que la force centrifuge, opposée de sens à l'attraction centrale, y doit retrancher d'autant plus à cette
dernière action sur chaque élément de la couche, que
celui-ci est plus rapproché de l'équateur du mouvement.
La durée de la rotation étant en effet la même pour
tous, les points décriront, dans un même intervalle de
temps, des circonférences d'autant plus grandes qu'ils
seront moins distants de l'équateur, et leur vitesse sera
par suite d'autant plus grande. Les molécules de chaque
méridien de la couche sphérique devront ainsi, pour
arriver à l'équilibre, prendre des distances différentes à
l'axe de rotation ; celles qui étaient sur l'axe, *seules*, ne
le quitteront pas, mais les autres s'en éloigneront d'autant plus qu'elles en étaient déjà plus distantes avant

la rotation. La circonférence méridienne devant, d'un autre côté, conserver sensiblement sa longueur linéaire, on voit que les molécules matérielles, tout en s'éloignant de l'axe, se rapprocheront d'un diamètre perpendiculaire à cet axe et s'en rapprocheront d'autant plus qu'elles étaient d'abord plus éloignées de ce diamètre ou plus voisines de l'axe de la rotation.

De là on peut conclure que chaque méridien prendra une figure ovaloïde appelée *ellipse*, dont le petit axe coïncidera avec celui de la rotation, et la couche tout entière, de sphérique qu'elle était, deviendra ellipsoïdale, en prenant la forme engendrée par la rotation d'une demi-circonférence d'ellipse méridienne autour de l'axe du mouvement. Puis, comme toutes les couches concentriques éprouveront des modifications semblables, le corps tout entier prendra la figure de l'ellipsoïde engendré par la révolution autour de son petit axe d'une demi-ellipse méridienne. — Le mot *méridien*, que nous venons d'employer plusieurs fois, s'applique à toute courbe qui entoure la sphère ou le sphéroïde en passant par les extrémités de l'axe, et *équateur* se dit du grand cercle perpendiculaire à l'axe.

En résumé, un monde unique dans l'espace, composé d'éléments fluides et animé seulement d'un mouvement de rotation autour de son centre de gravité, aurait la figure d'un ellipsoïde de révolution dont le petit axe coïnciderait avec celui de la rotation; ce serait, comme on dit, un sphéroïde aplati suivant l'axe de son mouvement et renflé à l'équateur. On conçoit clairement d'ailleurs que le corps passant du repos au mouvement, la modification dans la forme, le passage de la figure sphérique à celle d'ellipsoïde de révolution, se ferait par un

afflux de matières qui se dirigeraient de chaque hémisphère vers les régions équatoriales.

Supposons que notre corps, d'abord sphérique et de-
venu ensuite ellipsoïdal, tout en conservant son mouvement de rotation, vienne à prendre en outre un mouvement circulatoire autour d'un centre extérieur à sa
surface et situé ou non situé dans le plan de l'équateur
de la rotation. Avec ce nouveau mouvement se dévelop-
peront de nouvelles actions centrifuges, et de là aussi
se manifesteront de nouvelles modifications dans la
forme. Le sens de ces dernières forces centrifuges pour
chaque partie du corps différera en effet plus ou moins
de celui de la résultante des actions que nous avons jusqu'à présent supposées en jeu, et ainsi cette dernière se
trouvera plus ou moins augmentée ou diminuée, suivant la position de chaque molécule considérée. Des
deux régions déterminées dans le corps par un plan
mené en son centre de gravité, perpendiculairement au
rayon vecteur qui joindrait ce centre de gravité au centre
du mouvement, la région la plus voisine du centre de la
translation s'aplatirait, et l'autre s'allongerait l'une et
l'autre dans la direction du rayon vecteur, tandis que
le grand cercle perpendiculaire prendrait des dimensions
plus petites. Or si notre monde n'avait pas une rotation
autour d'un axe, le renflement, l'aplatissement et la ré-
duction de circonférence que nous venons de signaler,
affecteraient constamment les mêmes parties de la surface; mais avec la rotation, en nous bornant à la considération du point où le renflement sera maximum, il
est clair que ce point se déplacera, parcourant sur la
surface du corps une courbe située dans le plan de la
translation. Il en sera de même d'ailleurs des autres

points superficiels où le renflement sera moindre; ceux-ci aussi décriront des courbes parallèles au plan de la translation.

On voit que cette dernière cause de déformation agira de manière à faire varier perpétuellement la distance de chaque point de la surface ou de l'intérieur au centre de gravité de la masse. Faisons observer toutefois que si la vitesse angulaire du mouvement de circulation est peu considérable, l'effet dû à la cause dont nous venons de parler sera très-faible, et par suite pourrait être masqué par d'autres causes beaucoup plus puissantes, qui contribueraient avec la première à déterminer la forme pour chaque instant du mouvement.

Concevons enfin que les divers éléments de notre monde matériel soient soumis aux actions attractives d'astres situés en divers lieux de l'espace. Ces dernières forces étant toujours composables en une seule qui émanerait d'un point aussi unique, nous pouvons, pour plus de simplicité, ne supposer qu'un seul de ces centres attractifs, et nous admettrons qu'il émane d'un point extérieur à la surface du corps sur lequel nous supposons qu'il exerce son action.

Dans cette dernière hypothèse, imaginons que l'on ait fait toutes les sections possibles du corps par des plans qui comprennent à la fois son centre de gravité et le centre d'attraction extérieur. Les principes de la mécanique veulent, et on le conçoit d'ailleurs *a priori*, que, sous l'influence de l'attraction extérieure ajoutée aux actions internes, chaque section s'allonge dans le sens de la ligne des centres d'actions et s'aplatisse dans le sens perpendiculaire. La masse tout entière subira ainsi cet allongement et cet aplatissement, chacun dans le sens qui vient d'être indiqué. En d'autres termes dans chaque hémisphère déterminé par le grand cercle perpendiculaire à la ligne des centres, la matière fluide affluera vers le point où cette ligne des centres perce la surface de cet hémisphère. Les deux points de rencontre seront les lieux du renflement maximum du corps, renflement qui ira en décroissant à partir de ces points jusqu'à la limite commune aux deux hémisphères dont ils sont les pôles géométriques. Mais par suite de la rotation du corps autour d'une axe, la ligne des centres en perce la surface suivant des points qui appartiennent à deux circonférences parallèles à l'équateur de la rotation. Chaque renflement maximum parcourra donc pendant une rotation l'une de ces deux circonférences. Au cas particulier, où le centre d'attraction extérieur serait dans le plan de l'équateur, les deux circonférences dont nous venons de parler se confondraient ensemble avec la circonférence équatoriale. Si le centre attractif se trouvait sur la ligne des pôles ou sur son prolongement, les deux mêmes circonférences se confondraient chacune avec l'un des pôles de la rotation, et les lieux des déformations maxima seraient permanents et coïncideraient avec les pôles mêmes.

Ainsi, à part des cas très-particuliers, une attraction extérieure agissant sur notre monde sera une cause permanente de déformation; sous cette influence, les distances des divers points de la surface à l'axe de rotation varieront entre des limites d'autant plus éloignées que ces points seront plus distants des circonférences parallèles à l'équateur parcourues par les intersections de la ligne des centres avec la surface pendant la rotation du monde qui subit la déformation.

Tous les effets généraux dont il a été question jusqu'ici, seront encore réalisés, si la masse du corps
que nous considérons, au lieu d'être entièrement fluide,
comme nous l'avons supposé jusqu'à présent, est limitée
par une enveloppe extérieure solide, pourvu toutefois
que celle-ci ait relativement au rayon moyen total une
petite épaisseur et ne soit pas dépourvue d'une certaine
flexibilité. On conçoit en effet qu'une semblable pellicule, insuffisante à empêcher les modifications de forme
de la portion centrale, devra se mouler pour ainsi dire
sur celle-ci; participant des changements de figure du
noyau liquide, elle en accusera d'autant mieux la forme,
à chaque instant, qu'elle aura plus d'homogénéité de
composition et d'épaisseur. Le corps tout entier serait
donc encore sensiblement sphérique, si ses parties n'é-
taient sollicitées que par une attraction centrale, c'est-à-
dire, qu'il fût seul dans l'espace et qu'il n'eût aucun
mouvement; il aurait la figure permanente d'un ellipsoïde de révolution autour de son petit axe, s'il était
animé seulement d'un mouvement de rotation autour
d'une ligne qui le traversât; enfin, s'il était animé d'un
mouvement de translation dans l'espace, en même temps
que soumis aux actions attractives de centres extérieurs,
les divers points de la croûte solide oscilleraient de part
et d'autre d'une position moyenne, sous l'influence de
marées internes. L'enveloppe solide ou le corps total su-
birait dans ce dernier cas des modifications de forme à
peu près comme si l'enveloppe était fixe et qu'on fît tourner dans son intérieur, autour de son petit axe, un corps
ellipsoïdal qui en remplirait exactement la capacité.

Les changements de forme de la partie fluide seraient
produits, répétons-le encore, par des courants superfi-

ciels qui afflueraient de certaines régions à d'autres, convergeant vers le point d'où émanerait la résultante des actions qui les causeraient. Par suite, il se produirait des marées qui parcourraient des circonférences à peu près parallèles à l'équateur et sensiblement plus fortes dans les lieux dont la latitude aurait la moindre valeur. Dans le cas d'une enveloppe solide extérieure à la masse liquide, les courants n'existeraient pas moins; mais les frottements contre la surface intérieure même unie pourraient modifier la vitesse du parcours. A plus forte raison la vitesse du mouvement serait ralentie si la surface interne de la croûte présentait des accidentations, des rugosités volumineuses. Toutefois les déplacements du fluide ne seraient dans aucun cas empêchés d'une manière absolue, et par suite l'effet général de déformation, dont nous avons voulu donner une idée, aurait toujours lieu.

Dans chacune des hypothèses où nous nous sommes placés et avec des données numériques empruntées soit à l'observation, soit aux expériences, le calcul saurait déterminer exactement la forme que prendrait le corps, et exprimerait par des formules les lois des variations de sa figure. Il saurait aussi donner pour chaque instant l'expression de la distance d'un point quelconque au centre de gravité de la masse; mais pour l'objet que nous nous proposons ici, nous n'avons pas besoin de ces formules exactes : il nous suffit d'avoir signalé d'une manière générale la nature des changements de forme qui doivent être la conséquence des actions que nous avons supposées en jeu.

Nous allons laisser de côté les hypothèses pour nous occuper des réalités de même nature, en étudiant les causes générales qui concourent à donner à la terre la figure qu'elle affecte, et en traitant des principaux effets de ces causes. Aussi nous devrons établir d'abord que notre globe est assimilable au corps hypothétique que nous avons jusqu'à présent considéré, et quant à la constitution et quant aux actions dont il subit l'influence. Nous établirons donc premièrement que le globe terrestre est un corps composé d'une enveloppe solide emprisonnant un noyau liquide, l'épaisseur de la croûte n'étant qu'une assez petite fraction du rayon total et sa densité beaucoup moindre que celle de la partie fluide. Nous serons conduit à examiner si l'on ne doit pas admettre que toute la masse a été d'abord composée de matériaux très-mobiles les uns par rapport aux autres.

On sait d'ailleurs que la terre est animée à la fois d'un mouvement de rotation autour d'un axe, et d'une translation suivant une ellipse dont le soleil occupe un foyer; puis on sait aussi par le principe de la gravitation universelle, que les éléments de la terre sont soumis aux attractions des autres corps célestes, parmi lesquels le soleil et surtout la lune exercent le plus d'influence.

CHAPITRE II.

Constitution physique du globe terrestre et géogénie.

§ 1er. Figure et densité moyenne de la terre, d'où l'on peut conclure la fluidité primitive du globe terrestre.

La détermination de la figure géométrique de la terre est une question qui a excité à la fois la curiosité et le plus vif intérêt des savants, à raison des conséquences sérieuses qu'ils prévoyaient pouvoir tirer de la solution. D'abord, des observations qui ne demandent qu'une attention médiocre, ont bientôt appris que notre terre est un corps de forme arrondie, isolé de toutes parts dans l'espace. Puis on n'a pas eu beaucoup plus de peine à reconnaître que ce corps n'est pas une sphère parfaite, mais un sphéroïde renflé à l'équateur et aplati à ses pôles. Toutefois, la figure exacte n'était pas encore déterminée, mais elle devait l'être par la connaissance de deux éléments : la longueur du diamètre équatorial et la valeur de l'aplatissement. Aussi des efforts non moins persistants que louables ont-ils été dirigés vers ce double objet, et le succès a couronné les recherches.

La géodésie s'aidant des ressources de l'analyse, la physique avec l'observation du pendule, l'astronomie s'appuyant de l'action de la terre sur la lune, ont recherché chacune par la méthode qui lui est propre, à reconnaître l'aplatissement par la courbure ou la courbure par l'aplatissement. Une chose remarquable, c'est que les trois méthodes ont donné des résultats sinon identiques, du moins assez peu différents, pour que la justesse de chaque procédé s'en trouve justifiée et qu'on puisse avoir confiance dans les résultats trouvés.

Méthode géodésique. Bessel, s'aidant de dix mesures de degrés, est arrivé, à la suite d'une discussion très-savante, à des résultats qu'on admet généralement et qui sont les suivants : le demi-grand axe de l'ellipsoïde de révolution qui se rapproche le plus de la figure irrégulière de la terre, est de $a = 6{,}377{,}398^{\mathrm{m}}{,}1$; le demi-petit axe $b = 6{,}356{,}079^{\mathrm{m}}{,}9$, différence $21{,}318^{\mathrm{m}}{,}2$; d'où l'aplatissement $\frac{a-b}{a}$ serait de $\frac{1}{299{,}159}$. Nous citerons encore les nombres suivants : la longueur du quart du méridien, dont on a fait 10,000,000 de mètres, aurait 10,000,857^m,2; la longueur de 1° moyen du méridien serait de 111,120^m,64, sauf une erreur possible de 5^m,336; la longueur du degré équatorial aurait 111,306^m,59; celle de 1° du parallèle de 45° de latitude 78,838^m,18. — Nous trouvons dans ce qui précède, et pour le dire en passant, que le mille géographique, ou de 15 pour 1° équatorial, est de 7420^m,43. Nous noterons enfin, que d'autres calculateurs, discutant les données qu'a prises Bessel, avaient trouvé pour l'aplatissement des résultats qui oscillaient entre $\frac{1}{302}$ et $\frac{1}{297}$.

Méthode astronomique. Newton, partant de considérations théoriques autant que astronomiques, et supposant d'ailleurs homogène toute la masse de notre planète, avait trouvé $\frac{1}{330}$ pour l'aplatissement. Puis, Laplace, s'appuyant de plusieurs milliers d'observations de Bürg, de Bouvard, de Burckardt etc., Laplace a trouvé par la méthode lunaire $\frac{1}{306}$. Enfin, en combinant avec ceux de Sabine les résultats obtenus par Biot, on aurait $\frac{1}{276}$ pour l'aplatissement de 0° à 45°, et $\frac{1}{306}$ pour celui de 45° aux pôles, ce qui donnerait une moyenne de $\frac{1}{290}$.

Méthode du pendule. Sabine, dans une grande expédition en 1822 et 1823, de 0° à 80° de latitude nord, a trouvé $\frac{1}{289,5}$; Freycinet, excluant les séries de l'Ile-de-France, de Guam et de Mowi $\frac{1}{286,2}$; Forster a trouvé $\frac{1}{289,5}$; Duperrey $\frac{1}{266,4}$; Lütke, à l'aide de onze stations, $\frac{1}{269}$; entre Formentera et Dunkerque, d'après Mathieu, on aurait $\frac{1}{298,2}$; de Formentera à l'île d'Unst, d'après Biot, $\frac{1}{304}$; enfin, les observations de Lacaille, au cap de Bonne-Espérance, calculées avec le plus grand soin par Mathieu, donnent $\frac{1}{284,4}$. — Notons que les différences des résultats fournis par le pendule s'expliquent par ce que l'instrument reçoit des influences de beaucoup de circonstances locales, telles que le voisinage des masses de montagnes, la densité du sol et du sous-sol.

On sera forcé de convenir, nous le pensons, que les résultats obtenus par ces trois méthodes si différentes, sont cependant assez concordants relativement pour faire admettre que le sphéroïde terrestre a un aplatissement qui diffère peu de $\frac{1}{300}$. Or un tel aplatissement est sensiblement celui qui résulterait de la rotation diurne de la terre, en supposant que sa masse entière soit à l'état de fluidité liquide ou gazeuse. N'y a-t-il pas là une présomption que notre terre, avant d'être ce que nous la voyons, a été une masse ou gazeuse ou liquide? Nous aurons à revenir plus tard sur cette conséquence importante que nous avons du reste à établir d'une manière aussi peu contestable que nous pourrons le faire.

Après avoir précisé la figure de la terre, les savants ont voulu avoir son poids, et pour cela ont recherché sa densité moyenne. Les uns ont mis à contribution l'astronomie et les mesures géodésiques, en se servant de la déviation déterminée dans le fil à plomb par le voisinage d'une montagne; d'autres ont comparé les oscillations du pendule au pied et au sommet d'une montagne massive; d'autres, enfin, ont recouru à un procédé qui offre plus de garantie d'exactitude, en employant la balance de torsion.

1° Par la déviation du fil à plomb près du mont Schehallien, dans le Pertshire, observée par Maskelyne, Hutton, Playfair, la densité a été trouvée de 4,713. 2° Les observations de la durée des oscillations du pendule faites par Carlini au pied et au sommet du Mont-Cenis, corrigées par Giulio et rapprochées de celles qu'a faites Biot près de Bordeaux, ont donné 4,837. 3° Avec la balance de torsion, les observations de Cavendish, calculées par Baily, ont donné 5,448; les calculs revus par Hutton ont abaissé le nombre à 5,32, tandis que Édouard Schmidt, qui les a repris, a trouvé 5,52. D'autres observations semblables ont été entreprises par Reich en 1838, et ont donné 5,44; par Baily, en 1842, et il en a déduit 5,66; enfin par Reich, de 1847 à 1850, qui ont donné 5,577. — On ne sera pas étonné du défaut d'un accord absolu entre les résultats des deux premières méthodes et ceux de la dernière, qui, nous le redisons, méritent plus de confiance, si l'on considère qu'il est difficile d'introduire, comme éléments exacts dans les calculs, la position du centre de gravité de la montagne, la densité moyenne de sa masse et les influences relatives de la force centrifuge.

On peut conclure des résultats précédents que la densité moyenne de notre terre diffère peu de 5,5, et n'est pas inférieure à ce nombre. Or, d'après Leonhardt, la densité des basaltes les plus fins et les plus compactes varie entre 2,95 et 3,67; celle des pierres d'aimant entre 4,9 et 5,2; celle des masses qui constituent la presque totalité des terrains, est inférieure à 3, et celle des eaux douces ou salées peu différente de 1, c'est-à-dire que, en somme, la densité moyenne des matériaux de la croûte superficielle accessible à l'homme est au-dessous de 3. Donc la densité de notre terre va croissant, de la surface au centre, et même doit s'accroître assez rapidement à mesure qu'on s'éloigne de la surface.

En résumé, si l'aplatissement, supposé déterminé par la force centrifuge, dénote la fluidité primitive de la terre, l'accroissement de densité de la surface au centre vient corroborer la justesse de cette conséquence relativement à l'état physique ancien de notre globe. Comment, en effet, les matériaux auraient-ils pu se disposer dans l'ordre de leur densité croissante à partir du centre, si leur déplacement n'eût été rendu possible par l'état fluide? C'est aussi peu admissible que l'hypothèse de l'aplatissement par la force centrifuge d'une masse composée de matériaux à l'état solide.

Ainsi, des considérations exposées dans le paragraphe que nous terminons ici, il semble qu'on peut présumer que la terre a été primitivement fluide, composée tout entière de matériaux à cet état physique. Mais cette fluidité primitive a-t-elle été une dissolution dans un liquide? Ou bien a-t-elle été une fusion sous l'action d'une température élevée? Nous pouvons dès à présent écarter l'hypothèse d'une dissolution ; car quelle quantité de liquide n'aurait-il pas fallu pour dissoudre un ensemble de matériaux aussi considérable que celui qui compose notre terre! Puis, que serait devenue cette masse énorme de liquide? Nous verrons d'ailleurs un peu plus tard que le plus grand nombre des substances qui composent la partie solide du globe accessible à l'observation, sont à peu près insolubles dans les liquides que nous connaissons, à plus forte raison dans l'eau. D'autres considérations encore que nous avons à exposer, viendront ajouter plus de force à ces conséquences.

§ **2.** Le sphéroïde terrestre est composé d'une masse centrale, à l'état de fusion ignée, qu'enveloppe de toutes parts une croûte solide dont l'épaisseur et la densité sont des fractions peu considérables du rayon moyen et de la densité moyenne.

La température de l'air et celle du sol sur lequel il s'appuie, sont soumises, on le sait, à des variations diurnes, mensuelles, annuelles et peut-être même séculaires, qui dépendent de beaucoup de circonstances, et dont l'amplitude constitue pour un lieu le principal des éléments de ce qu'on appelle *le climat* de ce lieu. On a voulu savoir jusqu'à quelle profondeur dans le sol les causes de ces variations exercent leurs influences. Dans ce but, les expérimentateurs ont mis en station et observé des thermomètres à toutes les profondeurs accessibles pour ce genre d'observation. Il a été reconnu que les variations diurnes deviennent insensibles à une profondeur peu considérable ; que les variations annuelles. ou résultant des saisons, se font sentir à une profondeur plus grande ; mais que dans tout lieu on atteint, à une distance variable de la surface, un point où le thermomètre marque une température stationnaire pendant la durée d'une année, et même pendant le cours des années. A l'ensemble des points de température fixe on a donné le nom de *première couche de température invariable,* et la température de cette couche est sensiblement la température moyenne du lieu à la surface.

La première couche de température invariable est loin de se trouver partout à la même profondeur : cette profondeur pour un lieu dépend de la hauteur polaire et de tout ce qui contribue à augmenter ou à diminuer la différence thermométrique entre le maximum et le minimum des températures du lieu. A Paris, où la hauteur polaire est 48°,50', un thermomètre, placé en 1783 par Cassini et Le Gentil dans les caves de l'Observatoire, à une profondeur de 28 mètres, marque constamment 11°,834. Or la température moyenne de la surface étant 10°,822, Bravais, s'appuyant sur une loi à laquelle nous allons arriver, pense que la première couche de température invariable, sous le sol de Paris, est à une profondeur moindre que celle où le thermomètre est en station dans les caves. Dans les régions tropicales, c'est-à-dire à latitudes faibles, et où les différences entre les températures extrêmes sont des nombres de degrés peu considérables, la première couche de température constante qui donne la température moyenne d'un lieu, n'est qu'à une profondeur de 25 à 35 centimètres. Aussi Boussaingault a obtenu les températures moyennes de beaucoup de points de ces régions, en enfouissant le thermomètre à la profondeur qui vient d'être dite. L'exactitude des résultats qu'il a obtenus, a été vérifiée d'une manière remarquable pour des lieux dont les températures avaient des oscillations même de 14°.

La profondeur à laquelle les variations thermométriques se font sentir, est aussi en rapport, évidemment, avec la conductibilité des roches du sol et du sous-sol : elle est plus grande ou plus petite, suivant que la conductibilité des roches est elle-même plus grande ou plus petite. On s'est même autorisé d'une proportionnalité entre ces deux grandeurs, pour mesurer les conductibilités relatives des substances en masses qui constituent l'écorce du globe, et beaucoup d'observations ont été faites sous ce rapport par MM. Forbes, Arago, Bravais etc. Mais les résultats ne se rapportent que trop secondairement à l'objet que nous nous proposons ici ; ce qui nous importe davantage , c'est la loi des températures au-dessous de la première couche de température constante.

Toutes les couches au-dessous de celle que nous venons de nommer, sont aussi à température constante à toutes les saisons ; mais le nombre des degrés thermométriques qui exprime ces températures pour les couches à diverses profondeurs, va croissant avec ces profondeurs. On a même constaté que partout il y a sensiblement proportionnalité entre l'accroissement en profondeur et l'accroissement en nombre de degrés. C'est à Cordier que revient la gloire d'avoir le premier établi cette loi et la régularité en tous lieux de l'accroissement de la température avec la distance à la surface du sol.

Avant d'entrer dans le champ des faits et des conséquences, nous devons faire une observation dont la justesse ne saurait être contestée. On comprend que les résultats locaux, au point de vue de la chaleur, puissent être influencés par d'autres causes encore que celles que nous avons dites , par des causes qui peuvent agir au delà de la première couche de température fixe. Parmi ces influences, citons celles qui résulteraient d'infiltrations d'eaux appartenant à de grandes masses souterraines ou même de l'infiltration des eaux atmosphériques. Ces liquides, pour se mettre en équilibre de température avec les roches et les terrains qu'ils parcourent , doivent leur céder ou leur prendre de la chaleur. De là une difficulté de plus dans les déterminations qui nous occupent ; de là aussi il ne faudrait pas être surpris de trouver que les lois formulées par Cordier ne se vérifient pas complétement jusqu'à une certaine profondeur dans un district particulier.

Un grand nombre d'observations et d'études ont été faites dans le but d'établir la loi exacte de l'accroissement de la température avec l'accroissement en profondeur au-dessous de la surface du sol. M. Cordier, après avoir discuté les causes d'erreurs des procédés employés par ses devanciers et corrigé les résultats obtenus par eux, a rapproché ces résultats de ceux que lui-même a déduits de ses observations faites avec tous les soins dont il pouvait disposer. Il en est arrivé à formuler que l'élévation de température serait de 1° centigrade pour un accroissement moyen de 25 mètres en profondeur. Cette conséquence émanait de faits observés d'ailleurs en des lieux très-différents et à des profondeurs diverses : dans les mines de plomb et d'argent du Finistère, dans les eaux des puits et les roches des mines du Calvados, de la Nièvre et du Tarn ; dans les mines de cuivre du Cornouailles, dans celles de plomb argentifère de Saxe, dans celles d'argent de Mexico etc.

Depuis, à la méthode de Cordier, on en a substitué d'autres plus parfaites, et, de plus, les observations ont été très-multipliées. En citant les principales de ces observations, y compris celles qu'a connues Cordier, nous ferons voir combien les résultats ont été différents suivant les lieux. On a trouvé un accroissement de 1° par 20 mètres de profondeur dans des forages artésiens à Toulouse, à La Rochelle, en Russie ; l'accroissement s'est montré plus rapide dans les houillères de Littry (Calvados), où il a été calculé de 1° par 19 mètres ; puis, plus rapide encore dans les mines de houille de Decise (Nièvre), où il s'est montré de 1° par 15 mètres. Ailleurs, par exemple dans les mines de Carmeaux (Tarn), l'augmentation de 1° correspondait à un accroissement en profondeur de 36 mètres, et Horace de Saussure avait trouvé 1° pour 37 mètres dans les salines de Bex. Entre les parallèles de Zurich et d'Upsala, dont les latitudes respectives sont 47°,22 et 59°,51, la moyenne d'un très-grand nombre d'observations a donné 1° par 23 mètres de profondeur. Dans les mines de l'Erzgebirge (Saxe), des thermomètres ont été scellés dans la pierre, disposés verticalement les uns au-dessous des autres et les observations ont été suivies pendant dix ans (de 1821 à 1831) : les mines, au nombre de 20, sont disséminées sur une surface de 40 kilomètres carrés. Dans ce vaste ensemble d'opérations, 400 observations ont été recueillies pour des profondeurs de 10 à 350 mètres et ont donné une moyenne de 1° par 42 mètres. Des expériences analogues dans l'Oural ont donné 1° par 25 mètres et dans l'Écosse 1° par 63 mètres. En Angleterre, en notant les températures des eaux extraites en grandes masses (70,000 tonnes par jour) de profondeurs parfaitement déterminées dans les mines du Cornouailles, on est arrivé à la moyenne de 1° par 37 mètres. — Notons que les observateurs anglais ont constaté un accroissement plus rapide dans les puits servant à l'extraction de la houille que dans ceux qui étaient consacrés à l'extraction des métaux.

Pour terminer, à cette nomenclature assez longue nous joindrons cependant encore quelques observations remarquables :

Au puits de Monck Wearmouth, près de Newcastle, dont les eaux remplissent une houillère profonde de 456 mètres au-dessous du niveau de la mer, on a trouvé 1° par 32^m,4 à peu près (Philipps).

Aux bains salés de Oeynhausen, près de Minden

(Prusse), l'orifice du puits de Neu-Salzwerk est à 72 mètres au-dessus du niveau de la mer et sa profondeur 642 mètres au-dessous, on a trouvé une moyenne de 1° par 30 mètres.

Dans les puits de Prégny (près de Genève), pour une profondeur de 221 mètres, MM. Auguste Larive et Marcet ont obtenu 1° pour 29^m,6 ; Reich a trouvé dans les mines de Saxe 1° par 41^m,84.

Les opérations du forage du puits de Grenelle ayant été, comme on sait, suivies par Arago, Walferdin a repris plus tard les résultats. Voici le résumé de ce que formule ce dernier savant : le sol de l'abattoir du puits de Grenelle est à 36^m,24 au-dessus du niveau de la mer et l'eau s'élève à 33^m,33 au-dessus du sol ; le trou de sonde a 547 mètres de profondeur et la température de la source est 27°,75, tandis que la température moyenne est 10°,82. C'est donc un accroissement de 16°,93 pour une profondeur de 520 mètres environ à partir de la première couche de température invariable, ce qui donnerait 1° par 30^m,70. Nous réunissons dans le petit tableau suivant les observations et les résultats de Walferdin aux puits de l'École-Militaire, de Saint-André (Eure) et de Grenelle :

NOMS DES PUITS.	Profondeurs.	Températures.	Profondeurs pour des accroissements de 1°.
École-Militaire	173^m	16°,40	30^m,85
Saint-André (Eure) . .	253^m	17°,95	30^m,95
Grenelle	521^m	27°,75	30^m,70

En prenant la moyenne des observations que nous avons citées et d'autres encore, on a cru pouvoir formuler cette loi que, en moyenne, l'accroissement en température de 1° du thermomètre centigrade correspond à un accroissement en profondeur de 27 mètres, à partir de la première couche de température invariable.

Indépendamment des causes que nous avons indiquées comme pouvant influencer les résultats locaux, il en est encore deux principales qu'il importe de signaler ici, à raison de leur valeur : c'est d'une part la nature des roches du sous-sol et d'autre part leur disposition par rapport à leur structure, surtout si elles sont fibreuses ou lamelleuses. Les substances diverses qui constituent les terrains sont en effet plus ou moins perméables à la chaleur ou, comme on dit, sont plus ou moins conductrices du calorique. Puis, lorsque les roches ont une structure feuilletée ou bien fibreuse, il est reconnu que la conductibilité est plus grande lorsque la chaleur tend à les traverser dans un sens parallèle aux feuillets ou aux fibres que lorsqu'elle tend à les traverser perpendiculairement à ces feuillets ou à ces fibres. Pour les masses rocheuses d'un ordre plus élevé et qu'on appelle des *terrains*, comme elles sont pour la plupart composées de couches superposées, il y a lieu de faire une remarque analogue. On conçoit dès lors l'influence et de la nature des roches et de leur disposition sur la facilité de transmission de la chaleur dans le sens vertical, soit de bas en haut soit de haut en bas. On s'explique ainsi les différences des résultats obtenus ici à ceux qu'on peut trouver là, si la cause transmet son action *dans le sens vertical.* Or la chaleur solaire agit par transmission de haut en bas, et nous verrons que l'accroissement de la température avec la profondeur est dû *très-probablement* à une chaleur centrale, à un foyer intérieur dont les rayons se propageraient du dedans vers la surface.

La loi que nous avons formulée précédemment, que l'accroissement de 27 mètres en profondeur donnerait 1° d'accroissement thermométrique de température, cette loi nous conduit aux conséquences suivantes. La température serait celle de l'eau bouillante à une profondeur de moins de 3 kilomètres et surpasserait 700° centigrades à 20 kilomètres. Déjà, à cette dernière température, la plupart des substances qui constituent la majeure partie des matériaux connus et accessibles du globe, deviennent pâteux ou entrent en fusion. Cependant il est possible, et la chose est même probable, que les roches inférieures soient de plus en plus réfractaires, et dès lors on ne saurait admettre que l'enveloppe solide ou solidifiée de la terre n'a que 20 kilomètres d'épaisseur. Mais il n'en est pas moins logique de conclure que les matériaux deviennent pâteux, puis liquides à une profondeur qui est un multiple très-peu élevé de 20 kilomètres. Ainsi notre terre se compose d'une partie centrale à l'état de fusion ignée, emprisonnée par une couche solide dont l'épaisseur n'est qu'une fraction peu considérable du rayon total du globe.

On pourrait contester que la loi qui nous a servi de base se continue bien loin au-dessous de la surface baignée par l'atmosphère, parce que les profondeurs où l'on a pénétré sont toutes de petites fractions de celles où nous trouverions les hautes températures nécessaires à la fusion. Les observations de mesurage des températures n'ont été poussées, en effet, que jusqu'à des profondeurs de 600 mètres au plus dans les puits artésiens et de moins de 2000 mètres dans les puits des mines. Mais il est des faits qui indiquent assez clairement, ce nous semble, que la loi se continue, sans subir de modifications bien importantes quant au fond, jusqu'à des profondeurs beaucoup plus grandes que celles où l'on a pu faire stationner le thermomètre. Ces faits nous sont fournis par les températures des sources thermales, dont voici quelques-unes : Courmayeur (Piémont), 34°,44 ; Saint-Gervais (Savoie), 36°,66 ; Baréges (France), 48°,88 ; Louèches (Suisse), 52°,22 ; Cauterets (France), 55° ; Bagnères (France), 58°,88 ; Aix-la-Chapelle (Prusse), 64°,66 ; Borset (Prusse), 70° ; Carlsbad (Bohème), 73°,89 ; Las Trincheras (Amérique), 90°,13 ; Aguas de Comangillas (Mexique), 96°,4 ; Reckum (Islande), 100 ; Geyser (Islande), 124°.

Au reste 50 ou même 100 kilomètres sont une fraction assez petite des 6300 kilomètres du rayon terrestre moyen, pour qu'il ne soit pas irrationnel d'admettre que la loi de l'accroissement thermométrique n'a pas subi jusqu'à cette profondeur des changements d'une grande importance. Ainsi, à moins d'hypothèses qui contredisent les faits connus, on ne saurait s'expliquer que les matériaux situés à 100 kilomètres de profondeur ne sont pas en fusion. Quelles sont en effet les substances connues qui resteraient solides à la température de 4000° centigrades qui serait au moins celle qui règne à 100 kilomètres au-dessous du sol superficiel ? L'argent, l'or, le fer même y seraient en fusion complète, et le platine serait amolli.

D'ailleurs les faits violents et les produits brûlants de ces accidentations qu'on appelle des volcans, ne dénotent-ils pas que sous le sol règne un foyer permanent de chaleur, qu'il y a quelque part, au-dessous de nos pieds, une région à température extrêmement élevée? Comment, s'il n'en était pas ainsi, se rendrait-on compte des émissions par les cratères de ces fleuves de feu qui brûlent des paysages et carbonisent des villes? Qu'on essaie d'expliquer sans source permanente de chaleur interne, les grandes scènes dont les Vésuve, les Etna et tant d'autres soupiraux de même nature sont les théâtres redoutés! On l'a cherché, il est vrai, mais sans le moindre succès jusqu'à présent; on n'a réussi qu'à inventer des causes locales tellement mesquines que ce sont des infiniment petits à côté des effets si grandioses qu'on voudrait leur attribuer.

Nous ne prétendrons pas cependant que l'élévation de température suive jusqu'au centre de la terre la progression indiquée, et qu'il y ait en ce point $200,000°$, comme le voudrait alors le calcul. La fluidité des matériaux de l'intérieur permettant leur mélange doit faciliter par cela même l'établissement d'un certain équilibre de température. On a cru pouvoir évaluer à 15,000 ou 18,000 le nombre des degrés thermométriques centigrades qui expriment la température du noyau non encore solidifié. C'est une température *énorme* à laquelle cèderaient pour se fondre des substances bien plus réfractaires encore que nos métaux et nos minéraux les moins fusibles.

Indépendamment de toute considération de température, nous avons un indice encore de la fluidité interne : c'est le peu de stabilité de ce qu'on est convenu d'appeler la terre ferme. Partout où il est possible, à l'aide de points de repère, de fixer et d'observer la hauteur du niveau des terres, on a acquis la preuve que les terrains ont été élevés ou abaissés ou même ont éprouvé successivement et plusieurs fois les deux mouvements opposés. Sans parler des oscillations dans le sens vertical du sol volcanique de l'Italie méridionale, où elles sont écrites sur des monuments en caractères dont il est impossible de méconnaître la signification, nous avons des exemples remarquables du fait dans des régions qui n'offrent pas de trace de volcanicité. Telle est la région qui comprend le nord-ouest de la France, les côtes ouest de la Belgique et de la Hollande, où la marche des mouvements verticaux du sol a été suivie et enregistrée par l'histoire depuis le commencement de notre ère; telle est encore la presqu'île Scandinave, Suède et Norvége, pays qui aussi est loin d'être volcanique, où le même genre de mouvements bien constatés y est étudié et suivi depuis bien longtemps avec tout l'intérêt qui s'attache à un phénomène de cet ordre; telles sont les côtes de France, d'Angleterre, d'Écosse, toute la région dont la Méditerranée est une dépression etc. etc. Toutes ces observations établissent incontestablement que la dénomination de terre ferme est un nom usurpé et que ne mérite aucun sol étudié. Or le peu de stabilité de la surface terrestre ne semble-t-il pas un indice accusant que les terrains, continents ou îles, s'appuient, flottent, pour ainsi dire, sur une base mobile, comme la surface d'un liquide?

Il résulte ainsi des considérations et des faits de ce chapitre que *la terre est un sphéroïde renflé à l'équateur et aplati à ses pôles, composé d'une masse centrale à l'état de fusion ignée et d'une enveloppe solide continue, dont l'épaisseur et la densité sont respectivement des fractions assez petites du rayon moyen et de la den-*

sité de la masse interne. Le chapitre suivant a d'ailleurs pour objet de donner une nouvelle confirmation de cette conséquence importante.

CHAPITRE III.

Confirmation des conséquences du chapitre précédent par la minéralogie du globe et l'ordre d'apparition des êtres vivants.

§ 1ᵉʳ. Notions de géogénie ou phases par lesquelles a pu passer la terre pour arriver à l'état où l'homme l'a trouvée, et conséquences de ces notions au point de vue de notre thèse.

De la figure de la terre, c'est-à-dire de la valeur de son aplatissement, nous avons pu présumer la fluidité primitive de notre planète; puis la considération que les matériaux qui la composent, sont disposés dans l'ordre décroissant des densités à partir du centre, est venue ajouter de la force à cette première présomption. Plus tard l'accroissement de la température avec la profondeur a fait passer la présomption à l'état de probabilité. Bien plus, nous avons pu affirmer alors avec une apparence de certitude que la fluidité primitive avait été une fusion par l'action d'une forte chaleur. Nous avons en effet formulé sur l'état physique actuel de notre terre cette proposition que notre sphéroïde est, encore de nos jours, un système composé d'une mer intérieure ignée et d'une enveloppe solidifiée relativement peu épaisse et peu dense qui emprisonne entièrement l'océan de feu.

Nous allons maintenant supposer tout d'abord admis que notre terre a été primitivement incandescente et fluide dans toute sa masse. Puis nous chercherons théoriquement à nous représenter les phases par lesquelles notre globe a pu passer pour arriver à l'état que nous lui connaissons. Enfin nous examinerons si les faits reconnus de la constitution minéralogique, si l'ordre d'apparition des êtres vivants à la surface sont d'accord avec les conséquences de la théorie exposée. Que l'accord existe, et la théorie prendra rang parmi les affirmations d'une grande probabilité.

La terre donc, qu'on veuille bien l'admettre provisoirement, la terre a été une masse incandescente et tout entière d'abord à l'état gazeux. Personne ne pourrait assigner une limite de température que n'ait pas atteinte. à une époque passée, la masse qui fait notre sphéroïde actuel. Mais nous savons qu'une quantité d'un corps, de l'eau par exemple, occupe à l'état gazeux ou de vapeur un volume beaucoup plus considérable qu'à l'état solide et même à l'état liquide. Ainsi le globe que nous habitons, avait, à ces époques reculées, un volume qui était des centaines et peut-être des milliers de fois plus grand que celui d'aujourd'hui. Alors les matériaux ont pu facilement se disposer par rang de densités dans l'ordre que demandait leur équilibre; alors la force centrifuge développée dans la rotation a pu facilement faire prendre à l'ensemble la figure sphéroïdale aplatie que nous lui connaissons. Les éléments de la masse avaient en effet la plus grande facilité pour se déplacer dans le sens vertical ou se retirer des pôles et affluer de chaque hémisphère vers l'équateur du mouvement. Puis la forme générale et les dispositions relatives des substances ont dû persister au travers des changements dans l'état physique ou chimique par lesquels a passé la totalité ou seulement une partie de la masse.

Mais l'espace où nageait et où nage encore la terre,

est caractérisé par une température extrêmement basse, par un froid rigoureux, que le calcul estime de 50° au-dessous de la température de la glace fondante, par un froid donc capable de rendre le mercure solide et martelable comme du plomb ou du zinc. Que devait-il arriver pour ce corps gazeux, extrêmement chaud, situé dans un milieu aussi froid? Les gaz de la région superficielle refroidis et par suite contractés ou rendus plus denses, s'engouffraient dans l'intérieur pour être remplacés à la surface par d'autres plus chauds et moins denses. Il y avait ainsi un double mouvement, mouvement de haut en bas des gaz refroidis, et mouvement de bas en haut de ceux qui, plus chauds, venaient se refroidir à leur tour. On comprend qu'alors s'accumulaient, autour du centre, les matériaux gazeux dont la densité avait été rendue plus grande par un refroidissement plus grand. Puis, en même temps, toute la masse était nécessairement agitée par des marées énormes dues surtout, comme nos marées océaniques, comme nos marées atmosphériques actuelles, à l'attraction exercée par la lune.

Le refroidissement continuant par la surface, ainsi que les précipitations vers le centre, une époque est venue où de l'état gazeux les matériaux les moins volatilisables ont passé à l'état liquide, et le sphéroïde s'est ainsi trouvé composé d'un noyau liquide brûlant, entouré d'une atmosphère enflammée. La masse condensée, d'abord en proportion assez faible relativement au tout, s'est accrue successivement de toutes les condensations nouvelles et a pris peu à peu un volume assez considérable. Mais la basse température du milieu continuait toujours son action refroidissante. Donc, après un temps très-long certainement et dont la durée ne saurait être présumée, des cristallisations solides doivent s'être formées à la surface du noyau, s'accroissant en nombre et en volume, couvrant des étendues de plus en plus grandes. Dès lors les courants déterminés et par les causes refroidissantes et par les marées des attractions extérieures, transportaient en tout sens et dans toute direction les cristaux devenus gigantesques, les rapprochant de manière à leur permettre de se souder, ou les heurtant les uns aux autres et les brisant en fragments plus ou moins volumineux.

Plus tard, la surface solidifiée a pris, en quelques endroits du moins, assez d'épaisseur pour faire une résistance quelque peu prolongée; mais sous l'action incessante de la vague en ébullition, sous l'effort croissant de dégagements gazeux, produits de réactions diverses, la résistance devait être souvent vaincue. Bien des fois avant que la surface tout entière fût solidifiée et le noyau complétement emprisonné, bien des fois même depuis que l'enveloppe est devenue continue et avant qu'elle eût acquis une grande épaisseur, l'écorce a été soulevée, fracturée, lancée dans l'atmosphère en débris plus ou moins volumineux. Puis ces débris retombant sur la pellicule et s'y attachant de toutes les manières possibles, il résulte de l'ensemble des causes que la surface extérieure de l'enveloppe primitive devait prendre une structure des plus irrégulièrement enchevêtrées et s'accidenter de toutes sortes de rugosités.

Cependant l'atmosphère, quoique ayant perdu une partie de sa masse par les condensations, conservait néanmoins à ces hautes températures une tension considérable, c'est-à-dire, exerçait une pression énorme sur les surfaces qu'elle baignait; l'eau en vapeur, l'acide carbonique, toutes les substances dites aujourd'hui vaporisables et beaucoup d'autres sans doute y étaient mélangées. Donc si, sous la tension actuelle, la vapeur d'eau se condense à 100°, elle doit s'être liquéfiée dans les époques anciennes bien avant que la température se fût abaissée à ce nombre de degrés thermométriques. Alors rassemblée dans les nombreuses dépressions de la surface solide, l'eau y formait des lacs plus ou moins étendus que secouaient d'une agitation continuelle les mouvements de la mer de feu infraposée et les tempêtes effroyables de l'atmosphère supérieure. Une dislocation faisait-elle communiquer le foyer interne et le liquide d'un de ces réservoirs: c'étaient de violentes et brusques vaporisations que suivaient des pluies torrentielles. De là des changements subits dans la température des roches arrosées, qui par cela même devenaient plus friables et plus faciles à céder ensuite à des actions mécaniques ou chimiques.

La puissance mécanique des eaux devait alors être singulièrement multipliée par son extrême agitation, et son action chimique devait être très-exaltée à la fois par sa haute température et les substances corrosives tenues en dissolution. On conçoit donc que d'une part les flots tumultueux devaient arracher à leurs rives cristallines des fragments nombreux qui, triturés dans le mouvement, formaient de puissants dépôts sur les fonds des lacs ou des mers. D'une autre part, saturées de certains sels solubles à ces hautes températures, les eaux d'un lac venant à être jetées par un soulèvement dans les eaux aussi saturées d'autres sels d'un réservoir différent, il se formait ces immenses précipitations en masse dont l'origine semble aujourd'hui difficile à expliquer ; où bien encore, la température s'abaissant lentement, le liquide abandonnait peu à peu de la matière dissoute, donnant lieu à des précipités lents et schisto-compactes, dont on rencontre de nombreux échantillons dans les terrains.

Nous ne saurions suivre pas à pas les phases de la lutte entre les éléments dont nous venons d'esquisser à grands traits les actions réciproques. Bornons-nous à un résumé de la théorie et à des observations générales qui, avec ce qui précède, suffiront à faire présumer ce qui n'aura pas été dit.

D'une part donc la croûte solidifiée s'accroît en dedans de haut en bas par l'addition à sa surface interne de nouvelles cristallisations qui viennent la tapisser ; d'une autre part, elle s'épaissit extérieurement de bas en haut par les dépôts triturés des roches attaquées par l'eau et par des précipitations chimiques plus ou moins abondantes. Or, lorsque la croûte était faiblement résistante, à raison de son peu d'épaisseur, elle était souvent fracturée ; mais les épanchements au dehors de la matière interne, proportionnés à la résistance que la force avait dû vaincre, ne déterminaient que des rugosités d'altitudes peu considérables, de simples collines anguleuses aussi nombreuses qu'elles avaient peu d'élévation. Plus tard, la résistance s'étant accrue avec l'épaisseur de l'enveloppe, il a fallu pour la vaincre que les forces internes s'accumulassent, et de là les rugosités, les collines, produites par les épanchements et les soulèvements, ont pris des altitudes de plus en plus grandes.

Ainsi, lors des premiers âges des formations aqueuses, la surface de la terre devait présenter l'aspect d'une vaste nappe d'eau que perçaient en des points nombreux les pointes de roches soulevées ou épanchées : l'ensemble était une mer peu profonde, parsemée de nombreux petits îlots. Plus tard et successivement, les îlots émergés ont présenté à l'atmosphère des fronts de plus en plus larges, et la surface terrestre a dû passer progressivement par tous les états intermédiaires entre l'état insulaire que nous venons de dire, et l'état continental qui la caractérise aujourd'hui.

On peut être surpris qu'il se soit développé intérieurement à la croûte, entre cette croûte et la surface bouillonnante, une force capable des effets mécaniques qui ont produit nos systèmes de montagnes, les Alpes, les Pyrénées etc. L'étonnement disparaîtra et on se rendra compte de ces faits grandioses, si l'on se rappelle quelle est la haute température de la mer plutonienne, 15,000° ou 18,000°, si l'on en rapproche la possibilité que de grands réservoirs d'eau ont pu s'engouffrer subitement par des crevasses dans ces régions brûlantes. Qu'on se figure aussi, si on le peut, les limites de la puissance mécanique développée dans des masses de vapeurs dont la température s'élevait à plusieurs milliers de degrés ! Qu'est-ce, en effet, comparativement, que la tension développée dans les générateurs de nos machines à vapeur ? Or on sait quels effets terribles sont produits, lorsque ces chaudières viennent à éclater. Ici, cependant, il n'y a en jeu qu'une goutte d'eau, pour ainsi dire, et une température au plus de quelques centaines de degrés. Que devait-il donc se passer, lorsque, par suite de l'action de la vague interne, des lacs entiers

venaient à s'abîmer dans la région d'un feu de 18,000° ?
C'étaient de soudaines et violentes dislocations de la
croûte, dont les débris, gros comme des montagnes,
étaient lancés à des hauteurs prodigieuses; ou bien les vapeurs, accumulées au-dessous d'une couche plus épaisse
et plus résistante, pressaient la surface de la lave interne
et la forçaient à sortir par des crevasses immenses, ou
par des cassures étoilées là où la résistance était moindre.
De là des systèmes de montagnes disposées en lignes
presque droites ou par rayonnements en étoiles.

Pour en finir avec ces généralités théoriques, appe-
lons l'attention sur une double remarque. La première,
c'est que l'air atmosphérique devait être primitivement
chargé, outre d'autres substances, d'une forte proportion d'acide carbonique, de la majeure partie de ce gaz
méphitique qui entre aujourd'hui dans la composition
des carbonates, par exemple des pierres à chaux.
La deuxième remarque, c'est que les premiers dépôts
neptuniens, ou sous les eaux, se trouvant peu distants
du foyer de la chaleur interne, ont dû bien souvent être
bouleversés, fracturés, en partie même fondus lors des
nombreuses invasions faites au travers de leurs masses
par la matière bouillonnante interne ; c'est que les premiers dépôts stratiformes doivent ainsi avoir pris un caractère mixte, transitoire entre les terrains cristallins
et les dépôts aqueux proprement dits. Pour compléter
cette dernière remarque, ajoutons que les dislocations,
les signes d'une fusion postérieure à la formation, doivent, si notre théorie est vraie, apparaître de plus en
plus rares à mesure que les terrains déposés sont de plus
en plus éloignés du noyau.

Voyons maintenant si la *géognosie*, ou la connaissance des faits minéralogiques de la terre, confirme les idées géogéniques qui viennent d'être exposées.

D'abord, nous avons vu déjà que la forme de notre terre, la disposition de ses matériaux dans l'ordre croissant des densités à partir de la surface, s'accordent pleinement avec l'hypothèse de la fluidité primitive qui nous a servi de point de départ théorique. Mais la structure et la composition minéralogique des sols et des sous-sols se trouveront-elles d'accord avec la théorie exposée des formations successives ? L'examen rapide auquel nous allons nous livrer de cette composition et de cette structure, suffira pour convaincre qu'il en est réellement ainsi.

La croûte terrestre, dans l'épaisseur qu'on a pu en explorer, apparaît composée de couches superposées, comme le sont les tuniques de l'oignon qu'emploie la cuisine. Seulement, tandis que dans l'oignon chaque tunique forme une enveloppe continue d'épaisseur à peu près uniforme, les couches terrestres superposées n'ont de continuité que sur des étendues relativement assez faibles, et la même couche varie d'épaisseur d'un lieu à un autre, entre des limites même très-éloignées; tandis que dans l'oignon l'on peut compter tout autour dans la profondeur le même nombre de tuniques, la croûte offre, suivant les districts, des nombres de couches très-différents. On aura donc une idée plus juste peut-être de la structure de l'enveloppe qui emprisonne la mer ignée, en se représentant celle-ci comme surmontée de bancs de grandes écailles irrégulières, variables avec les lieux en nombre, en forme, en épaisseur, en étendue, et bien plus en directions relatives, même pour celles qui sont les unes au-dessus des autres. L'ensemble est une espèce d'imbrication désordonnée, qui paraît indiquer que des bouleversements multipliés et de tous sens sont venus faire un arrangement bien irrégulièrement enchevêtré d'une disposition qui avait originellement une certaine régularité.

Parmi les terrains plus ou moins bouleversés, divisés en étages, on en distingue facilement deux natures : les uns cristallins, présentent les caractères de matériaux refroidis après fusion : — ce sont les terrains appelés *plutoniens, pyroïdes, de cristallisation* etc.; les autres sont analogues aux dépôts qui se forment actuellement sous les eaux douces ou salées : — ce sont les terrains dits *neptuniens, stratifiés, sédimentaires* etc. Les granites, les porphyres, les basaltes, les diverses matières produites dans les éruptions etc. appartiennent à la première catégorie ; les calcaires, les argiles, les grès, les schistes etc. appartiennent à la deuxième catégorie. Outre les caractères originels de disposition par masses pour les premiers et de disposition par couches pour les autres, avec structure cristalline pour ceux-là, sans structure cristalline pour ceux-ci, on les distingue nettement les uns des autres en ce que dans les terrains cristallins on ne trouve ni sables, ni graviers, ni cailloux roulés, ni traces de végétation ou d'animalisation, tandis que dans les terrains neptuniens on rencontre fréquemment des sables, des graviers, des cailloux roulés et toujours plus ou moins abondamment des indices d'êtres organisés.

La classification des terrains plutoniens nous sera inutile pour l'objet que nous nous proposons ; mais disons un mot de la division ou plutôt des groupements des terrains neptuniens. Nous pouvons y distinguer vingt-cinq étages, qu'on a répartis en quatre grandes classes ; c'est cette dernière *grande* division qui doit nous suffire. D'abord les étages inférieurs, les plus anciens par date de formation, ont été appelés *terrains de transition*, pour une raison que l'on présume et que nous aurons à signaler ; ensuite, en remontant ou en suivant l'ordre chronologique, on a groupé les autres sous ces dénominations qui sont à elles-mêmes leurs définitions : *terrains de sédiments inférieurs*, *terrains de sédiments moyens*, *terrains de sédiments supérieurs*. Le tout est surmonté des terrains des formations plus modernes, qu'on appelle *alluvions anciennes* ou *diluvium* et *alluvions modernes* ou *post-diluvium*.

Les terrains aqueux manquent quelquefois, assez rarement ; mais partout où ils se trouvent, on les voit superposés aux terrains plutoniens ; c'est comme si ceux-ci avaient formé les fonds de réservoirs où se seraient déposés les autres. D'ailleurs, l'absence complète des terrains aqueux, alors qu'elle a lieu, s'explique très-bien par des dénudations sous les eaux des terrains ignés qu'ils recouvraient, avant qu'un soulèvement fît émerger ceux-ci.

L'origine des terrains plutoniens est accusée, non-seulement par leur structure cristalline, mais par beaucoup d'autres caractères, dont nous avons déjà signalé quelques-uns. Citons encore seulement les accidentations et les rugosités prévues par la théorie ; ce caractère originel est d'une évidence incontestable. Aussi il a pu être dit avec non moins de vérité que de poésie : « On croirait, à voir un certain ensemble de ces roches, qu'elles ont été surprises par le souffle de Dieu et solidifiées brusquement lorsqu'elles étaient encore bouillonnantes. »

Quant aux terrains dits *neptuniens*, leur origine n'est pas moins clairement indiquée. D'abord on y reconnaît une disposition par feuillets parallèles, comme dans les dépôts de même genre qui se forment sous nos yeux ; puis, comme dans ceux-ci, les cailloux plats qu'ils renferment sont disposés de manière que leur plus grande dimension est parallèle aux surfaces de séparation des tranches. Ce qui rend plus frappante encore l'analogie avec les dépôts aqueux actuels, c'est, avons-nous déjà dit, que, de même que ceux-ci, les terrains anciens empâtent des débris des êtres organisés qui vivaient aux époques de leurs formations respectives. Il est vrai de dire cependant que les couches d'autrefois n'ont que par exception l'horizontalité originelle ; mais les irrégularités actuelles n'ont-elles par leur explication dans les perturbations en nombre presque infini produites par la réaction du foyer intérieur ?

D'ailleurs que cette dernière cause est la cause véritable des dérangements subis par les terrains neptuniens, cela résulte manifestement de ce fait indiqué par la théorie : c'est que les terrains présumés aqueux, immédiatement superposés aux terrains cristallins, présentent fréquemment des indices d'une fusion postérieure à leur formation ; c'est que fréquemment ils sont injectés de bas en haut de matériaux d'origine plutonienne, qui y forment ce qu'on appelle des *filons ;* c'est qu'ils présentent des dislocations extrêmement multipliées et sont, pour ainsi dire, éparpillés par lambeaux. Aussi c'est à raison des deux premiers caractères qu'on a autrefois nommé et qu'on nomme encore quelquefois *terrains de transition* les étages inférieurs des sédiments, où se trouvent des caractères des deux origines. Les terrains des sédiments inférieurs présentent encore quelquefois des traces de filons, des ruptures, des dislocations, des fusions après dépôt; mais les indices de l'action du feu y sont plus rares. Ces indices se présentent plus rarement encore dans les sédiments moyens et sont extrêmement rares dans les sédiments supérieurs. Dans les terrains relativement récents, les influences calorifiques du foyer ne se montrent plus qu'aux environs des bouches volcaniques. Or le nombre de ces soupiraux de feu, quoique plus grand qu'on ne se l'imagine ordinairement, ne l'est cependant pas assez pour que les cratères ne doivent pas être considérés comme des accidents assez rares sur la surface terrestre.

Est-il besoin d'insister sur l'accord qui existe entre ce qui est *minéralogiquement* et ce que la géogénie exposée avait dit devoir être? Nous ne le pensons pas. Dans l'exposé de ce qui est, n'a-t-on pas à rédire à peu près identiquement les mêmes faits que la théorie avait prévus? Nous allons donc passer, sans plus de détails, aux considérations qui se puisent en faveur de notre thèse, dans l'ordre de l'apparition des êtres vivants des deux règnes.

§ 2. L'ordre d'apparition des êtres vivants est une confirmation nouvelle de la théorie géogénique exposée et par suite conduit aux mêmes conséquences que la structure minéralogique de l'écorce terrestre.

On conçoit que, à l'origine de la solidification et pendant longtemps encore, la surface extérieure de la croûte avait une température trop élevée pour que la vie végétale ou animale y fût possible. Ainsi les roches cristallines ne doivent pas renfermer de traces d'être organisés. Cependant on rencontre quelquefois empâtés, dans des masses éruptives, des calcaires devenus marbres, où se trouvent des empreintes, des moules, qui indiquent d'une manière évidente des êtres organisés. Mais ces faits s'expliquent très-bien sans qu'on soit obligé de recourir à l'hypothèse difficile, irrationnelle, qui admettrait que des êtres auraient pu vivre sur des roches naguère solidifiées et conservant encore une température très-élevée. Des masses éruptives épanchées par des fissures, postérieurement à la formation de dépôts neptuniens ou joviens, ont dû souvent envelopper des portions de ceux-ci, avec les débris d'êtres vivants qu'ils pouvaient renfermer. Or la solidification des matériaux épanchés ou vomis par les volcans est postérieure aux lambeaux des formations neptuniennes qui sont empâtés. Mais c'est en vain qu'on chercherait des indices d'êtres vivants dans les roches cristallines des terrains primitifs, dans ces assises cristallisées qui forment pour ainsi dire le support des terrains aqueux et dont la solidification a précédé le dépôt de ceux-ci.

On trouve en place des débris fossiles de l'époque où ils ont vécu, dans les dépôts stratiformes immédiatement superposés aux roches cristallines des terrains primordiaux, c'est-à-dire, dans les terrains à caractères mixtes que nous avons déjà nommés métamorphiques ou de transition. Mais les restes sont d'abord assez rares, ce que l'on concevra sans peine. D'une part la vie ne pouvait être ni très-active ni très-variée, et, d'un autre côté, bouleversés par les réactions de l'intérieur si fréquentes alors, ces terrains ont subi tant de fois l'influence de la chaleur centrale, que la majeure partie des substances organiques qu'ils empâtaient a dû être décomposée. Cependant même dans les premières couches de ces époques reculées on rencontre des restes et des empreintes de végétaux et d'animaux assez bien caractérisés pour que leur organisme puisse être parfaitement décrit, et ces êtres classés avec autant de certitude que ceux qui vivent aujourd'hui.

A partir de ces plus anciennes formations, en remontant de proche en proche jusqu'aux formations modernes, on trouve dans tous des échantillons de plus en plus nombreux et de mieux en mieux conservés des êtres végétaux ou animaux qui ont peuplé la terre aux époques respectives des formations qui se sont succédé. Il est presque inutile d'ajouter qu'on a pu, à plus forte raison, reconstituer les caractères de ces êtres ; on a pu même tenter de faire l'histoire de leurs mœurs. On a ainsi classé rigoureusement les végétaux et les animaux qui ont peuplé notre planète aux diverses époques géologiques. Toutefois la faune et la flore relatives à chaque époque sont loin d'être complètes, et nécessairement sont en général d'autant plus éloignées de l'être que ces formations sont plus anciennes. Néanmoins on a obtenu assez de chacune pour arriver à une connaissance suffisante de sa physionomie générale et pour pouvoir comparer les unes aux autres celles des divers âges.

Or on voit cette physionomie varier à partir des formations les premières peuplées d'êtres vivants, et de très-éloignée qu'elle en était, se rapprocher progressivement de celle que présente l'ensemble des êtres qui vivent aujourd'hui. En étudiant et en comparant les organisations successives, on est frappé de l'évidence de cette loi, que les êtres organisés se sont succédé ou sont apparus successivement dans l'ordre que veut l'hypothèse géogénique que nous avons exposée.

Après avoir prémis ces généralités, nous allons entrer dans quelques développements sur les faunes et les flores successives du globe terrestre, afin que ressortent mieux les conséquences que nous nous proposons d'établir ou plutôt de confirmer.

Généralités sur les flores antédiluviennes, — comparaison avec les flores géographiques actuelles, — et conséquences de ces comparaisons.

Depuis quarante ans surtout, les naturalistes de la France, de l'Angleterre, de l'Allemagne, de l'Italie se sont appliqués à rechercher des éléments propres à faire connaître les végétations aux divers âges de la terre. On a cherché et découvert, dans un très-grand nombre de lieux, des échantillons de plantes fossiles ; car si c'est surtout en Europe que le succès a le plus couronné les recherches, l'Amérique, l'Inde et la Nouvelle-Hollande ont fourni leur contingent. Aussi cette branche de l'histoire naturelle de notre planète a fait des progrès immenses. Bien que cependant les données ne soient fournies que par une faible portion des régions du globe, on doit regarder comme excessivement probable que les conséquences s'appliquent même aux régions non encore explorées relativement au point de vue qui nous occupe. Aujourd'hui plusieurs milliers d'espèces éteintes de plantes fossiles ont pu être définies et rigoureusement classées, en même temps que l'on assigne exactement les âges géologiques auxquels elles ont appartenu.

On conçoit toutes les difficultés qu'a dû présenter le travail de classification dont nous venons de parler, si l'on considère que dans un grand nombre de cas, si ce n'est le plus souvent, les naturalistes n'avaient à leur disposition que de faibles débris ou des empreintes fort restreintes des plantes à étudier. Ce n'est que par des comparaisons multipliées et minutieuses, des rapprochements répétés à l'infini que les savants sont parvenus à asseoir leurs déterminations sur des bases certaines. Disons tout d'abord que c'est à un savant français, M. Adolphe Brongniart, qu'est dû en très-grande partie l'élan qui a conduit aux résultats signalés. Il est d'ailleurs pour les végétaux antédiluviens ce qu'a été Cuvier pour les animaux des époques passées; c'est à son génie et à sa remarquable sagacité que l'on doit la reconstitution, la définition et la classification d'un très-grand nombre d'espèces éteintes. Qu'on lise l'ouvrage de M. Brongniart sur les végétaux fossiles, on sera édifié et sur les difficultés du genre d'étude et sur le bonheur avec lequel elles ont été vaincues. Aussi c'est à un travail de ce savant naturaliste que nous empruntons la plupart des faits que nous allons consigner ici et des conséquences que nous formulerons.

Commençons par faire remarquer, avec M. Brongniart, que dans la plupart des cas on peut déterminer avec certitude la grande classe végétale à laquelle appartiennent les fossiles; souvent même on peut reconnaître la famille, quelquefois le genre et plus rarement l'espèce. Mais il nous suffit ici que l'on puisse sans incertitude rattacher le fossile à l'une des six grandes familles naturelles que nous allons nommer; et ce résultat peut être obtenu, dit encore M. Brongniart, au moyen d'un seul organe quelconque bien conservé. Or le savant entend par grande famille végétale l'une des divisions *très-naturelles* suivantes dans lesquelles se rangent tous les végétaux. Ce sont : 1° les agames (végétaux où les organes de la reproduction sont si difficiles à découvrir qu'on a d'abord contesté et même nié leur existence); — 2° les cryptogames cellulaires (végétaux à tissus à peu près exclusivement cellulaires et dont les organes de la reproduction ont été, quoique *cachés*, moins difficilement reconnus que dans ceux de la division précédente); — 3° les cryptogames vasculaires (végétaux à tissus cellulo-vasculaires et où les organes de la reproduction sont encore suffisamment *masqués* pour être difficiles à découvrir); — 4° les phanérogames gymnospermes (végétaux acotylédonés comme les précédents, mais où les organes de la reproduction sont évidents, comprenant les conifères et les cycadées); — 5° les phanérogames monocotylédones (en un mot les plantes monocotylédonées de la classification de Jussieu); — 6° enfin les phanérogames dicotylédones (tous les végétaux appelés dicotylédonés). — Dans les considérations qui vont suivre, nous laisserons presque entièrement de côté les agames et les cryptogames cellulaires pour ne nous occuper que des quatre dernières grandes classes. Encore ferons-nous tout à fait abstraction des plantes marines, qui appartiennent à un ordre spécial de végétation.

Cela posé, bornons-nous, pour la division des terrains, aux quatre grands groupes des formations neptuniennes, division adoptée par plusieurs géologues et dont nous allons rappeler les membres, en suivant l'ordre d'ancienneté et en commençant par les plus anciens. Ces membres sont les suivants : 1° les terrains de transition, qui comprennent les étages phylladiques, les schistes ardoisiers, les grès pourprés, les étages carboni-

fères, le mill-stone-grit des Anglais, les étages houillers, les pséphites ou vieux grès rouges; 2° les terrains
sédimentaires inférieurs, qui comprennent les étages du
zechstein, du grès vosgien, du grès bigarré, du muschelkalk, du keuper; 3° les terrains sédimentaires moyens,
qui se composent des étages du lias de l'oolithe inférieure, de l'oolithe moyenne, de l'oolithe supérieure, et
les étages néocomiens, glauconieux et crayeux ; 4° les
terrains sédimentaires supérieurs, où se trouvent l'étage
parisien, celui de la molasse, celui des fahluns, l'étage
sub-apennin ou du crag, et le diluvium. Enfin les formations qui ont succédé au dernier grand cataclysme et
se continuent actuellement, ont reçu le nom d'ensemble
de *post-diluvium*.

Les végétaux qui appartiennent aux étages d'une
même grande formation diffèrent en général assez peu
les uns des autres; mais lorsqu'on passe de la flore d'un
étage d'une formation à celle d'un étage d'une autre formation même voisine, on observe des différences qui donnent aux deux flores des physionomies différentes et
dont les différences sont même assez tranchées. Aussi
peut-on caractériser ces physionomies spéciales par les
grands rapports, les remarquables analogies qui se reconnaissent entre les végétations de tous les terrains d'un
même grand groupe. Il est vrai de dire cependant que
les rapports et les différences pour deux formations,
voisines ou non, ne sont pas fondés exclusivement sur
l'identité ou les différences des espèces ou même des
genres et des familles, mais plutôt sur les rapports numériques des échantillons des grandes classes du règne
végétal dont les types ont été reconnus et étudiés dans
ces formations. La *Géographie botanique* établit qu'il en

est du reste ainsi, pour les végétations actuelles, des rapports et des différences par lesquels on caractérise les *régions botaniques* dans lesquelles a été divisée la surface du globe terrestre.

Nous avons dit tout à l'heure la division géologique à laquelle on a été amené par des caractères minéralogiques, indépendamment de la considération des flores anciennes. Au point de vue de la botanique on peut aussi diviser la durée des formations aqueuses en quatre grandes périodes bien caractérisées, et, ce qu'il y a de remarquable, c'est que les périodes botaniques diffèrent assez peu des périodes minéralogiques. En effet la première période botanique aurait pour limites, d'une part, en bas, les terrains de cristallisation stratiformes ; d'une autre part, en haut, le zechstein, et comprendrait ainsi la durée de la formation des terrains de transition ; la deuxième période, qui correspondrait principalement au dépôt du grès bigarré, aurait pour limite inférieure les assises supérieures du terrain carbonifère et pour limite supérieure le muschelkalk, c'est-à-dire, qu'elle comprendrait une assez grande partie des terrains des sédiments inférieurs ; la troisième période, qui, commençant au keuper, se terminerait par la craie, embrasserait le reste des sédiments inférieurs et des sédiments moyens ; enfin la quatrième période renfermerait tous les terrains supérieurs à la craie, jusqu'aux alluvions anciennes inclusivement, et coïnciderait ainsi avec les sédiments supérieurs des géologues.

Voici les caractères botaniques de chacune de ces grandes périodes :

Dans la végétation de la première période on ne trouve que deux des grandes classes végétales parmi les quatre dernières : ce sont les cryptogames vasculaires représentées par des algues, des champignons, des fougères, des prêles, des lycopodes, et les monocotylédones représentées par des plantes qui paraissent analogues aux palmiers et aux liliacées arborescentes. On n'y trouve pas ou on y trouve des traces douteuses de phanérogames gymnospermes et de dicotylédones. Les cryptogames vasculaires y ont une telle prédominance numérique qu'on peut dire qu'elles composent presque à elles seules cette première flore; elles y entrent en effet pour plus des huit dixièmes. Toutefois, bien qu'on soit obligé d'admettre que les calamites, les sigillaires, les lépidodendrons etc. appartiennent respectivement aux familles des prêles, des fougères, des lycopodes etc., les premiers diffèrent de ceux d'aujourd'hui et par les espèces et souvent même par les genres. En outre, comparées aux analogues d'aujourd'hui, les équisétacées, les fougères et les lycopodiacées arborescentes avaient des tailles colossales : il existait des équisétums de 3 à 4 mètres de haut et de 14 à 15 centimètres de diamètre, des fougères en arbre de 16 mètres et des lycopodiacées de près de 25 mètres de hauteur. Ainsi les caractères essentiels de la physionomie de cette première période végétale sont la grande prédominance numérique et le développement exalté des fougères, des lycopodes et en un mot des cryptogames vasculaires.

La deuxième période de végétation est la moins anciennement connue; on n'avait trouvé d'abord qu'un nombre de plantes assez restreint dans les assises du grès bigarré et du grès vosgien; mais des découvertes et des études plus récentes, celles de MM. Schimper et Mougeot en particulier, ont fait faire un grand pas de plus à l'histoire végétale de ces terrains. En résumé, les plantes qu'on y a reconnues, donnent à la flore de cette époque une physionomie essentiellement différente de celle des âges précédents et de celle des périodes suivantes. En effet trois des quatre dernières grandes classes naturelles y sont représentées par des plantes bien définies : ce sont les cryptogames vasculaires, par des calamites, des équisétums, des lycopodiacées ; les phanérogames, gymospermes par des conifères (arbres verts : pins, sapins, mélèzes...) seulement, sans cycadées, et les monocotylédones (palmiers, graminées, orchidées, iridées...) par des espèces singulières totalement différentes de celles qui vivent aujourd'hui. Les dicotylédones manquent encore, ou bien , si l'on a cru en découvrir des traces, il est permis de douter que les échantillons se rapportent réellement à cette grande classe. Ce qui caractérise la deuxième époque végétale, c'est que les cryptogames vasculaires y sont bien moins nombreuses que dans la précédente, puisqu'elles ne composent à peu près que la moitié de la flore et qu'elles s'y montrent avec un développement moindre que dans la première époque ; un caractère distinctif encore de cette période, c'est l'apparition des conifères et la singularité de ses monocotylédones.

Pour la troisième période de végétation on a depuis longtemps des données étendues, et la physionomie de sa flore très-suffisamment connue se distingue nettement de celles des autres périodes[1]. Bien que ses végétaux n'appartiennent qu'aux mêmes trois classes de la précédente époque, ils sont différents quant aux espèces, aux gen-

---

[1] Nous rappelons que nous avons puisé tous les renseignements relatifs à la botanique dans l'ouvrage de M. Brongniart.

res et même aux familles ; en outre les cycadées de la grande classe des phanérogames gymnospermes apparaissent alors pour la première fois. Les conifères et les cycadées, au lieu de composer comme de nos jours la trois centième partie de la flore, en formaient entre elles près de la moitié, et les cycadées prédominaient. Les fougères, les prêles et les lycopodes composaient avec quelques monocotylédones le reste de la végétation. Ainsi les caractères distinctifs de la flore de la troisième période sont l'apparition des cycadées et leur prédominance numérique, et en outre l'égalité en nombre entre les cryptogames vasculaires et les phanérogames gymnospermes. Du reste la présence des dicotylédones est ici presque aussi douteuse que pour l'époque précédente.

Dans la quatrième période de végétation seulement et dès l'origine de cette période, se montrent les dicotylédones avec une certitude incontestable. Dès l'origine aussi, qui correspond à la formation des terrains analogues à ceux des environs de Paris, elles acquièrent une prédominance numérique très-marquée sur tous les autres végétaux contemporains. Comme dans la flore actuelle, les dicotylédones sont dans cette période au moins cinq fois plus nombreuses que les monocotylédones. Quant aux autres classes, elles ne montrent qu'un nombre relativement très-restreint d'espèces, de genres et de familles ; car les fougères, les équisétacées, les mousses n'y sont pas largement représentées, et parmi les agames on ne rencontre que quelques espèces de plantes marines. Les genres de cette période sont d'ailleurs facilement comparables à ceux des végétaux de nos jours, et, même pour les espèces analogues, les différences, quoique sensibles, sont en général assez légères. Ainsi

la quatrième période est caractérisée par la présence certaine et la prédominance numérique très-marquée des
dicotylédones; puis, numériquement, ce sont les monocotylédones qui occupent le second rang, et viennent ensuite successivement les phanérogames gymnospermes,
les cryptogames, les agames.

Faisons remarquer que lors même qu'on viendrait à
découvrir, et bien qu'on ait découvert dans les terrains
d'une période quelques espèces mêmes d'une grande
classe naturelle qui y manquait en apparence, une semblable découverte ne change rien à la physionomie générale de la végétation de la période : les caractères
essentiels par lesquels nous avons défini chaque période
n'en restent pas moins les mêmes. Ainsi, nous pouvons l'affirmer, la flore terrestre est devenue de plus en
plus variée; en outre, ce sont les végétaux de l'organisation la plus simple qui ont apparu d'abord ; puis
se sont montrés successivement ceux d'organismes de
plus en plus complexes. Faisons remarquer aussi, quoique
nous ne tirions pas de conséquence de cette observation,
que deux périodes consécutives des végétations antédiluviennes se trouvent toujours séparées par des formations extrèmement pauvres en plantes. Ainsi, à la limite
de la première et de la seconde on trouve les *grès rouges*
appelés *pséphites* (*qu'il ne faut pas confondre avec les
grès rouges des Vosges*), où l'on n'a, que nous sachions,
découvert encore aucun végétal, et le calcaire pénéen,
qui n'a offert que quelques traces de plantes marines.
A la limite de la deuxième et de la troisième période
végétale se trouve le muschelkalk ou calcaire conchy-
lien si abondant en fossiles animaux, et offrant à peine
des traces de fossiles végétaux. Enfin la troisième est

liée à la quatrième période par les puissantes assises de la craie, où ne se rencontrent que de rares débris de végétaux qui ont vécu dans les mers.

Dans ce que nous avons dit jusqu'à présent des flores successives de notre terre, on n'a pu trouver que des faits et des résultats positifs indépendants de toute théorie préconçue. Voyons maintenant à tirer des conséquences au point de vue de la géogénie ou des phases par lesquelles a pu passer notre globe pour arriver à son état actuel. Afin d'asseoir nos déductions sur des bases plus solides, nous comparerons les flores qui *ont été* à celles qui *sont* actuellement, en examinant dans la géographie botanique quels sont les résultats produits de nos jours par les influences de telles ou telles circonstances ambiantes.

Les plantes de la première période, dont l'enfouissement a produit ces immenses dépôts d'un combustible à bon droit si recherché et pour l'industrie et pour l'économie domestique, ces plantes, disons-nous, appartiennent surtout aux cryptogames vasculaires, et acquéraient, à l'époque où elles vivaient, ces tailles élevées que nous avons fait connaître. Or voyons quelles sont actuellement les conditions dans lesquelles cette classe tend à prendre un plus grand développement et pour le nombre des espèces et pour la taille des individus.

Les études de géographie botanique nous montrent les cryptogames vasculaires comme étant généralement d'une taille naine dans les régions froides, tandis que beaucoup d'espèces ont des tailles assez élevées dans les régions tropicales. Nous y trouvons que les fougères, qui sont des plantes rampantes dans les climats froids ou tempérés, ou n'y ont que quelques décimètres d'élévation, atteignent dans les régions tropicales six mètres et plus de hauteur; nous reconnaissons que les plus petites espèces de prêles sont celles de la Laponie et du Canada, et que les plus grandes habitent aux Antilles et dans l'Amérique équatoriale; enfin les lycopodes, qui ont dans nos régions à peine 20 centimètres d'élévation, se montrent avec une taille quatre fois plus grande dans les régions tropicales. Dès lors la grande taille des fougères, des lycopodiacées, des équisétacées du terrain de transition ne semble-t-elle pas confirmer déjà ce que nous avons déduit de notre théorie géogénique, à savoir que, lors de la formation de ces terrains, la température générale à la surface du globe était beaucoup plus élevée qu'elle ne l'est aujourd'hui, même entre les tropiques?

Quant au mode de répartition sur la surface du globe de la famille des fougères et des familles voisines, deux causes principales le modifient puissamment, suivant MM. Brown et d'Urville; ce sont l'élévation de la température et l'influence de l'air humide, avec cette condition que la température ait la presque uniformité que lui donne le voisinage de la mer. Ainsi, dans les contrées de l'Europe tempérée, où le développement des cryptogames est le plus favorisé, leur rapport aux phanérogames est 1/40, tandis que, les autres circonstances étant égales d'ailleurs, le rapport varie de 1/26 à 1/20 pour les continents équatoriaux. Si l'on passe de l'observation des continents à celle des îles, on voit le rapport s'élever encore plus notablement, en supposant toujours égales les autres influences. Ainsi, dans les Antilles le rapport semble être 1/10; dans les îles de la mer du Sud, il devient 1/4 ou même 1/3; à Sainte-

Hélène, à Tristan d'Acunha, il est 2/3; à l'île de l'Ascension, il paraît y avoir à peu près égalité de nombre entre les cryptogames vasculaires et les phanérogames. Ne peut-on pas conclure de ces observations que le rapport s'accroîtrait encore si les îles dont nous venons de parler, au lieu d'appartenir à des groupes, se trouvaient isolées au milieu de vastes étendues de mers? Maintenant rapprochons de ces résultats la considération de la flore des terrains houillers, où prédominent si fort les cryptogames vasculaires; ne sommes-nous pas autorisés à conclure, comme nous avons pu le faire de la théorie, qu'à l'époque où les premières plantes ont vécu, la surface de la terre avait des accidentations très-nombreuses, mais non aussi considérables que celles d'aujourd'hui, et qu'ainsi elle devait présenter de grandes mers parsemées d'îles très-peu étendues?

En d'autres termes, lorsque se formaient les dépôts qui ont donné la houille, il n'y avait pas encore de continents proprement dits : c'était un état de surface auquel on peut donner le nom d'*insulaire*. C'est d'ailleurs ce que semble indiquer la disposition des terrains houillers par bassins isolés et en séries, et aussi la grande étendue et la continuité de certains dépôts de calcaires de transition montrent qu'il y avait de vastes mers alors que se sont faits ces dépôts.

La flore de la deuxième époque, sur laquelle on trouve des renseignements précieux dans les travaux de MM. Schimper, Mougeot, d'Aubrée, relatifs à la végétation du grès des Vosges, montre par sa composition que l'état insulaire persistait encore pendant cette période. Cependant une diminution dans la prédominance des cryptogames vasculaires permet de conclure que les

îles offraient alors de plus grandes surfaces à la végétation. On y a rencontré aussi des fougères arborescentes
à tailles de peu moins gigantesques que celles de la première période, et de ce caractère joint à celui qu'offre
la physionomie générale de la flore dont il s'agit, il est
permis de conclure que la température était suffisamment élevée pour masquer les variations que peut occasionner la position de la terre par rapport au soleil dans
les quatre saisons annuelles.

La végétation de la troisième période a un cachet très-
particulier ; nous savons qu'elle se compose presque exclusivement de cycadées, de fougères et d'un petit nombre de conifères. Bien que très-différente des flores de
tous les climats actuels, celle de la période qui nous
occupe se rapproche par certaines analogies de celle des
côtes et des grandes îles des régions tropicales. En effet.
les cycadées vivent principalement dans les îles des Antilles, sur les côtes du Brésil, au cap de Bonne-Espérance, dans les Moluques et le Japon, et sur les côtes de
la Nouvelle-Hollande. Ce sont donc, et les fougères ren-
trent plus encore dans ce cas, ce sont donc des plantes
de climats chauds soumis aux influences du voisinage de
la mer, sur les côtes d'assez grandes îles ou de continents
déjà assez étendus. Il semble d'après cela qu'à cette
époque la surface terrestre, ce qui est conforme à notre
théorie, était dans un état intermédiaire entre l'état insulaire de la première ou des deux premières et l'état
continental que nous allons voir être le caractère de cette
surface pendant la quatrième période. Quant à la température pendant la troisième période, elle était encore
assez élevée pour que les influences relatives au climat et
aux saisons fussent à peu près entièrement masquées.

Nous trouvons en général dans les végétations de la quatrième période les caractères de celle des grands continents et des climats un peu plus que tempérés ; elle est analogue généralement à la végétation de l'Europe et de l'Amérique septentrionale et ne présente qu'un petit nombre de palmiers et d'autres monocotylédones arborescentes. Alors déjà les influences de latitude, d'altitude, d'exposition semblent se faire sentir, et il arrive qu'on rencontre en un même lieu ou une flore semblable à celle des climats tempérés ou des végétaux qui paraissent appartenir à des régions de température plus élevée. On peut déduire de l'ensemble que les conditions de la vie végétale ne différaient pas trop sensiblement de celles d'aujourd'hui, et qu'ainsi l'étendue des continents, la température, la nature de l'atmosphère approchaient beaucoup de ce qui est dans la période actuelle. Cependant il y a des différences très-appréciables, qui indiquent que la surface de la terre n'offrait pas alors des continents aussi grands que les nôtres et que ceux-ci étaient en partie recouverts par les eaux salées. Nous allons voir du reste, en examinant l'ordre de succession des êtres animaux, que la température était plus élevée et que les influences climatériques étaient moins sensibles que de nos jours.

Nous n'insisterons pas sur les conséquences à tirer de cet aperçu relatif à la succession des flores. On y a vu clairement que, loin de contredire notre théorie géogénique, les faits de la botanique antédiluvienne la corroborent au contraire ; car les végétaux se sont succédé à la surface de la terre dans l'ordre où le voudrait *a priori* cette théorie même, et leur ordre d'apparition montre, comme la théorie, que les étendues des mers et celles des continents ont été progressivement, les premières en diminuant et les autres en augmentant.

Nous aurions pu nous arrêter à faire voir la concordance entre l'ordre de succession des flores et les modifications qu'a dû subir théoriquement la composition de l'atmosphère ; mais nous aurons à nous occuper aussi de cette question en parlant de la vie animale antédiluvienne ; c'est pourquoi nous l'avons réservée.

Notions sur les faunes antédiluviennes et conséquences au point de vue de la géogénie.

Les faunes qui se sont succédé à la surface de la terre aux divers âges géologiques, sont encore mieux connues que les flores successives. On peut ainsi faire sur les organisations animales une étude de comparaison semblable à celle qui a été faite sur les végétaux et même la faire moins incomplète. Aussi on pourrait arriver à un plus grand nombre de divisions bien caractérisées des terrains de sédiment par l'emploi des caractères des animaux fossiles que par celui des caractères des végétaux antédiluviens. Même les vingt-cinq étages dans lesquels on partage l'ensemble des terrains neptuniens, seraient suffisamment définis par les espèces d'animaux dont ils renferment les débris, tandis que les restes végétaux et la constitution minérale seuls ne suffiraient pas à remplir le même objet ou au moins laisseraient de l'incertitude dans beaucoup de cas. Nous n'entrerons pas toutefois dans le détail de l'étude de toutes les organisations animales successives et nous ne nous arrêterons qu'aux grandes divisions.

Pour les animaux, comme pour les végétaux, l'apparition n'est marquée que par des êtres d'une organisation excessivement simple. Puis la transformation des organismes, à mesure que les terrains se succèdent, se fait lentement, de proche en proche, d'un étage au suivant, jusqu'à celui de l'époque historique, c'est-à-dire de l'époque géologique actuelle. La faune donc, qui d'abord n'a aucune espèce d'analogie avec la nôtre, s'en rapproche peu à peu à mesure que les conditions de la vie animale diffèrent moins de celles d'aujourd'hui. Comme nous venons de le dire, l'apparition de la vie animale est marquée par des êtres d'un organisme extrêmement simple, dans lesquels les fonctions ne sont pas localisées ou rattachées chacune à un organe particulier; mais où, bien au contraire, toutes les parties du corps sont identiques. Puis viennent plus haut des êtres où le travail de la vie se divise et se partage entre un nombre d'organes de plus en plus grand, jusqu'à ce que chaque fonction ait son organe spécial. Mais laissons les détails, qui nous entraîneraient trop loin, et bornons-nous à considérer presque exclusivement l'apparition de ce grand groupe qu'on appelle l'*embranchement des vertébrés*, qui d'ailleurs mérite le plus de fixer notre attention, puisque l'homme appartient à cette grande division.

Dans les premiers terrains où la vie s'est manifestée, on ne rencontre nulle trace d'animaux vertébrés ni d'aucun animal à respiration aérienne. Ce sont d'abord des êtres d'une organisation simple, au milieu desquels on distingue les *trilobites,* crustacés singuliers, dont le corps se divisait en trois lobes. Cependant les animaux à vertèbres apparaissent bientôt, même dans les terrains de transition ; ce sont d'abord exclusivement des poissons, mais essentiellement différents de ceux d'aujour-d'hui ; puis viennent des êtres d'une organisation extrê-mement singulière et originale, qu'on a nommés *poissons sauroïdes*, parce qu'ils sont comme une transition entre les poissons et les sauriens. Tandis que les poissons proprement dits respiraient un air dissous dans l'eau, les sauroïdes avaient une respiration mixte en partie branchiale et en partie pulmonaire. De même que les trilobites caractérisent les premiers terrains métamor-phiques, les poissons singuliers dont il a été question, les terrains de transition moyens, de même les poissons sauroïdes caractérisent exclusivement les étages carbo-nifères. Les sauroïdes peuplaient les mers de ces étages, et on trouve leurs restes dans les couches contemporaines de celles qui renferment la houille et les autres charbons dits minéraux des étages métamorphiques supérieurs.

C'est à l'époque de la formation du terrain pénéen, qui sépare les étages houillers de ceux du terrain tria-sique, que correspond la première apparition des lézards ou des sauriens proprement dits. Ceux-ci étaient orga-nisés moins imparfaitement que les poissons sauroïdes pour une respiration aérienne ; ils avaient même la res-piration pulmonaire et auraient probablement été tués par l'air des âges précédents. Les premiers sauriens étaient des espèces voisines des iguanes et des monitors. Leur présence, jointe à l'absence d'ammonites, dis-tingue suffisamment les trois étages pénéens des forma-tions plus anciennes et de celles qui ont suivi.

Pendant la durée des formations triasiques, qui sui-vent immédiatement dans l'ordre chronologique, ont commencé à vivre les grands sauriens, et sont apparues pour la première fois les tortues, en même temps que les ammonites. C'est aussi à cette époque qu'on rapporte l'apparition des oiseaux, indiquée seulement par des empreintes de pas dans des grès. Les caractères positifs dont nous venons de parler, joints à l'absence des bélemnites, suffisent à caractériser les formations triasiques.

C'est dans les terrains jurassiques qui se sont formés ensuite, qu'a eu lieu le règne des sauriens les plus grands et les plus voraces. Ces étages présentent en effet des types extrêmement variés de grands animaux de cet ordre. Ce sont des lézards terrestres de tailles gigantesques et de formes bizarres; par exemple le mégalosaure, de 25 mètres de long, plus gros qu'un éléphant, couvert d'une cuirasse épaisse, rugueuse et très-dure; puis ce sont des sauriens éminemment nageurs : par exemple le plésiosaure, au corps écailleux d'un poisson, de 12 à 15 mètres de long, nageant à l'aide de palettes digitées, ayant un long cou, semblable à un serpent, surmonté d'une tête plate et petite relativement, qui rappelle celle des lézards; ce sont encore d'autres sauriens, organisés pour le vol, quoique cependant avec de grandes dimensions : tel était le bizarre ptérodactyle, dont une espèce ressemblait à une gigantesque chauvesouris, de plus de 2 mètres d'envergure, pourvue d'un grand et gros bec, armé de dents redoutables pour ses ennemis. A cette époque se montrent les premières bélemnites et aussi des mammifères, dont la classe, il est vrai, n'est représentée que par des masurpiaux de petites dimensions (*Didelphus Bucklandi*). Joignons à ce que nous venons de dire que la gryphée arquée est exclusive à l'étage liasique, la gryphée virgule aux étages oolithiques, et la formation jurassique se trouvera bien caractérisée.

Pendant la période crétacée, qui succède à la forma-tion jurassique, les sauriens n'avaient pas beaucoup dé-généré ; mais on peut dire que ceux de l'époque où nous arrivons, offrent moins de variétés et ont, en général, des tailles moins colossales que ceux de l'époque pré-cédente. Cependant on y trouve le gigantesque iguano-don, iguane herbivore vingt fois plus gros que ceux de nos jours ; le mosasaure ou animal de Mæstricht, monitor à palettes natatoires, dont la taille atteignait 9 mètres ; l'hylæosaure, lézard de 8 mètres, dont le dos était hérissé d'une crête osseuse dentelée. A cette époque se montrent pour la première fois les mammifères céta-cés, mais on n'y trouve pas encore de mammifères ter-restres d'ordres un peu élevés. On y signale des oiseaux palmipèdes et des échassiers, qui ne se sont pas montrés dans les étages inférieurs. Enfin la présence des ammo-nites, qui ne se montrent plus dans les formations moins anciennes, se joignant aux caractères précédents, la pé-riode crétacée se trouve complétement distinguée des autres périodes.

Nous arrivons à la période des sédiments supérieurs, auxquels nous joignons les alluvions anciennes ou le di-luvium. Alors les mammifères des ordres plus élevés détrônent les sauriens et prennent à la tête de la création animale la place que ceux-ci y avaient longtemps occu-pée. Bien que la plupart des ordres d'animaux du dilu-vium n'aient pas survécu à la catastrophe qui nous en a séparés, notre faune compte cependant un certain nombre de ces ordres de la période précédente. Toute-fois il est vrai de dire que l'ensemble des mammifères qui ont vécu dans le quatrième âge géologique, reçoit de quelques-uns d'entre eux un cachet tout particulier d'originalité. Parmi eux citons le mammouth, proboscidien ou éléphant velu et à crinière, ayant de 5 à 6 mètres de haut, armé de colossales défenses contournées en dehors; citons encore le mégathérium de $3^m,5$ de hauteur sur 6 mètres de longueur, si remarquable par les plaques cornées qui cuirassaient son corps; citons le mégalonyx, espèce de paresseux plus grand que le bœuf; puis des ours de tailles gigantesques, des lions énormes etc.... Beaucoup des espèces de cette époque ne vivent plus aujourd'hui, bien qu'il en soit resté un certain nombre, et même certains ordres n'ont pas survécu à la catastrophe qui a séparé l'époque des alluvions anciennes de celle des alluvions modernes. Toutefois la faune de la première de ces époques se rapproche beaucoup de celle de l'autre, et l'organisme animal ne paraît pas beaucoup moins varié dans celle-là que dans celle-ci. On peut les distinguer en particulier par ceci que les paléothériums, les dinothériums, les mastodontes, les mammouths etc. sont exclusifs à la plus ancienne des deux, et que, comme le veut la tradition écrite, l'homme n'est apparu sur la terre que depuis l'origine des formations alluviales modernes.

Nota. Des découvertes relativement récentes inclinent à donner à l'homme une origine plus ancienne que celle que lui attribue la tradition et que lui reconnaissaient les géologues. Nous aurons, dans une autre circonstance, à revenir sur ces découvertes, qui paraissent rendre incontestable une plus grande ancienneté de l'homme sur la terre. Ainsi on peut réserver le caractère relatif à son apparition, pour définir les alluvions modernes : les autres caractères que nous avons énoncés, suffisent d'ailleurs à rendre cette définition complète.

Conséquences qui découlent de l'ordre d'apparition des êtres vivants.

L'ordre de l'apparition des animaux, en nous bornant à ce que nous avons cité à ce sujet, donne lieu aux mêmes conséquences que la considération des flores successives ; la justesse de ces conséquences est rendue plus frappante encore par la comparaison des développements simultanés des deux séries d'êtres vivants. Les phases par lesquelles passent progressivement les organismes animaux et végétaux, trouvent leur explication très-naturelle dans leurs modes respectifs de respiration, lorsqu'on rapproche ces modes de respiration des conditions de température et de composition par lesquelles a passé successivement notre atmosphère terrestre.

On sait en effet que, par la respiration, sous l'influence de la chaleur et de la lumière, les plantes s'assimilent le carbone de l'acide carbonique, et que la vigueur de la végétation croît en proportion de la quantité de carbone assimilé. On sait aussi que, dans les animaux, la respiration a pour effet principal d'emprunter de l'oxygène à l'air inspiré, et de produire par expiration de l'acide carbonique, et qu'ainsi ce dernier gaz est méphitique ou irrespirable pour les animaux. De cette double définition il suit qu'une atmosphère plus riche en acide carbonique, avec des conditions convenables de lumière et de température, doit être très-favorable à un grand développement des végétaux, mais ne pas convenir à la vie animale, n'être possible aux animaux que dans les conditions d'un organisme spécial. Donc, si la végétation, si luxueuse dans les premières époques, a donné ensuite des plantes à dimensions de moins en moins grandes par la taille; si, d'un autre côté, la faune, d'abord pauvre en animaux à respiration d'un air oxygéné, a vu s'accroître progressivement les êtres à qui convient un air de cette nature, on est en droit de conclure que l'atmosphère, d'abord fortement chargé d'acide carbonique, a perdu peu à peu de ce gaz, en même temps que la température s'est progressivement abaissée.

Cela posé, contentons-nous de rappeler l'ordre d'apparition des animaux de l'embranchement des vertébrés. Les premiers animaux de cet embranchement qui sont apparus, sont ceux dont l'appareil respiratoire est le mieux approprié à la vie dans une atmosphère impure; ce ne sont, en effet, d'abord que des poissons, organisés pour respirer un air dissous dans l'eau. Ensuite, à mesure que, par la respiration végétale, l'atmosphère se purifie en perdant peu à peu de l'acide carbonique, on voit arriver des poissons sauroïdes, qui devaient avoir la respiration en partie aérienne; puis des lézards, êtres moins imparfaitement organisés pour vivre dans l'atmosphère. Plus tard, lorsque la végétation luxuriante de la première période a rendu l'air moins méphitique encore, la terre se peuple de sauriens proprement dits, de ces sauriens aux formes monstrueuses et si puissants par leurs masses colossales, qui semblent se maintenir les rois de la création pendant toute la durée des formations dites *des terrains secondaires*. L'atmosphère cependant continue de perdre peu à peu du gaz méphitique, devient de plus en plus propre à l'entretien de la vie des vertébrés d'ordres supérieurs, et alors après les mammifères cétacés se montrent les mammifères proprement dits; ceux-ci arrivent à dominer en nombre parmi les vertébrés, et à prendre à la tête de la création la place qu'y avaient occupée si longtemps les grands sauriens qu'ils détrônent. Enfin est apparu l'homme, à une époque géologique dont la détermination précise n'a pu être encore faite d'une manière incontestable. Nous savons, par la chronologie des végétations successives, que la vie végétale a suivi, ce qui devait être, une marche sensiblement inverse, au moins à certains points de vue : les classes de plantes dont nous admirions les dimensions remarquables pendant les premières périodes végétales, ont été s'amoindrissant progressivement, ou plutôt ont été successivement remplacées par des classes analogues à dimensions de moins en moins remarquables, et ont même fini par n'être représentées que par des espèces naines et rabougries.

On le voit, par ce résumé rapide, que, de même que l'ordre d'apparition des végétaux, celui des animaux s'accorde avec la composition minéralogique, avec la structure de l'écorce terrestre, pour rendre probable la théorie géogénique que nous avons exposée. Nous pouvons rigoureusement conclure de l'observation des transformations subies progressivement ou successivement par les êtres des deux règnes vivants, que, depuis une certaine époque, la température s'est abaissée à la surface de la terre. Or pourquoi ne pourrions-nous pas induire de là que, antérieurement à l'époque de la manifestation de la vie, il y avait eu déjà abaissement de température ? Rien ne nous semble plus logique. En remontant ainsi, nous arrivons à admettre que la température a dû être dans le passé telle que notre terre se trouvait incandescente et même fluide. Ce point de départ étant admis, il ne nous resterait qu'à redire les conséquences que nous en avons déjà tirées, pour expliquer la formation des terrains et la constitution actuelle de notre globe.

Qu'on nous permette d'ouvrir ici une parenthèse, quoique les remarques qu'elle renferme s'éloignent un peu de notre sujet. Nous n'avons pas émis d'opinion sur le mode par lequel on peut expliquer ces apparitions successives d'espèces, de genres, d'ordres, de familles, de végétaux et d'animaux si différents dans les diverses époques de la vie antédiluvienne. Il ne saurait entrer dans notre plan actuel de discuter cette question et de rechercher si la terre a reçu ses habitants par des créations successives, ou si, après une création unique et simultanée de toutes les espèces, soit éteintes soit vivantes, ces espèces se seraient transportées là où elles trouvaient les conditions propres à leur vie, ou bien encore si un nombre très-restreint de végétaux et d'animaux étant apparus d'abord, les types se seraient progressivement modifiés avec les circonstances ambiantes, leur organisme s'appropriant naturellement et successivement aux conditions dans lesquelles ils se trouvaient placés. Nous reviendrons ailleurs sur cette question en traitant de celle de l'espèce. Nous n'avons pas davantage à nous occuper ici de cette autre question qui partage les naturalistes, dont les uns veulent qu'il y a eu perfectionnement dans les organismes, tandis que les autres soutiennent une opinion au moins différente. Nous dirons sur ce dernier point que la question n'est pas entendue par tous de la même manière et que la division entre les savants résulte de ce qu'on ne s'accorde pas sur la définition du perfectionnement ou de la perfection dans les êtres vivants. Il nous semble que le plus de perfection d'un organisme doit résulter de sa meilleure appropriation aux conditions dans lesquelles il est destiné à fonctionner et à vivre. C'est sans doute en prenant ce point de vue qu'on a pu nier le perfectionnement progressif des êtres successifs; car à toutes les époques, comme dans la nôtre, les animaux et les végétaux ont dû avoir une organisation en rapport avec les circonstances des milieux où ils étaient destinés à vivre.

Lorsque les conditions ont changé, ou bien les organes se sont modifiés peu à peu de façon à s'approprier aux circonstances nouvelles, ou bien les êtres pour lesquels la vie était devenue impossible dans le nouvel état des choses, ont disparu pour faire place à d'autres, quel que soit le mode d'apparition de ceux-ci. Il est un sens cependant qui prête à dire qu'il a y eu perfectionnement des êtres depuis l'origine de la vie jusqu'à l'époque actuelle, c'est celui où l'on entend par plus grande perfection des êtres vivants la plus grande division du travail de la vie, l'appropriation d'un plus grand nombre d'organes à des fonctions spéciales et par suite la localisation de ces fonctions. Ainsi on pourra donner raison aux uns ou autres des naturalistes qui admettent ou n'admettent pas le perfectionnement successif des êtres, suivant qu'on adoptera telle ou telle définition de ce qu'on entend par perfection des organismes. Fermons ici notre parenthèse peut-être un peu longue, et revenons à notre question.

Il paraît donc à peine contestable que la terre ait été primitivement une masse à l'état de fusion ignée, même à l'état d'un fluide gazéiforme. Par le refroidissement au milieu d'un espace illimité à basse température, il s'est formé bientôt au centre un *noyau* liquide, qui s'est successivement accru de toute la matière susceptible de passer à cet état, dans les conditions de température qui sont survenues ; puis, le refroidissement continuant, le noyau liquide s'est recouvert d'une couche solidifiée, qui, d'abord mince, a pris ensuite une épaisseur de plus en plus grande. Sous la double influence d'une forte pression et d'un abaissement progressif de la température, des eaux plus ou moins impures se sont déposées dans les dépressions de la surface. Agitées et d'ailleurs corrosives, ces eaux ont attaqué les roches cristallines et ont formé sur leurs fonds des dépôts stratifiés qui s'augmentaient du travail de certains animaux et des débris de toutes sortes d'êtres vivants, en même temps que l'atmosphère d'alors, lourde et corrosive, agissant sur les roches submergées, en détachait des blocs ou des débris que les eaux pluviatiles entraînaient dans les dépressions du sol.

Tous les terrains, joviens, neptuniens ou plutoniens, ont été bien des fois disloqués, bouleversés, mélangés par les effets divers de la réaction sur eux du liquide bouillonnant qu'ils emprisonnaient. Aussi la croûte extérieure du globe a une structure fragmentaire très-irrégulière, et on y voit en contact immédiat des roches qui par leur formation appartiennent à des âges très-différents. Au-dessus de tout, baignée par l'atmosphère, s'est formée et se forme encore de nos jours une couche dont l'épaisseur grandira à partir de sa base jusqu'à ce qu'un nouveau cataclysme vienne mettre un terme à la période géologique à laquelle nous appartenons.

Lorsque nous avons donné en nombre de degrés thermométriques l'expression de la température centrale du globe, nous n'avons pas préteudu attribuer à ce nombre un caractère d'exactitude ou même de grande approximation. Beaucoup de circonstances inconnues ou dont la valeur ne saurait être estimée, peuvent exercer une influence notable sur les lois qui conduiraient au résultat réel. Mais, quoi qu'il en soit de ce nombre de degrés, la température intérienre du globe doit être, paraît-il, considérablement élevée, et la terre est assimilable au corps hypothétique dont nous avons parlé précédemment. Ainsi notre planète est un système composé d'une masse fluide intérieure, dont la température est très-élevée, et d'une enveloppe extérieure, relativement fort mince et peu dense, si on la compare au rayon et à la densité de la masse ignée. Ajoutons que l'enveloppe solide a reçu et retient dans ses dépressions superficielles et dans ses cavités intérieures, une quantité notable d'eaux douces et d'eaux salées, et qu'enfin sur toute la surface, terre ou eau, s'appuie une couche gazeuse de 7 à 8 myriamètres d'épaisseur, qu'on appelle *atmosphère*. Nous n'aurons d'ailleurs à nous occuper que très-peu ici de l'eau et de l'air.

L'enveloppe solide ayant en épaisseur tout au plus 1 p. 100 de la longueur du rayon du liquide igné, est relativement aussi mince qu'une feuille de papier ordinaire par rapport à une orange. Puis encore la détermination de la densité moyenne du globe, rapprochée de celle des matériaux qui constituent ensemble la portion connue, a établi, comme nous l'avons vu, que le noyau central fluide est spécifiquement beaucoup plus dense que l'enveloppe solide. On conçoit dès lors que la croûte doive offrir une résistance inefficace à empêcher les effets de mouvements des parties de la mer intérieure ou les changements de forme que des actions mécaniques puissantes pourraient produire dans le liquide qui remplit la capacité interne. Que ce liquide ait une forme permanente, la croûte persistera dans la configuration que lui donne le noyau sur lequel elle doit s'appuyer; mais que, sous des forces quelconques, le noyau vienne à changer de forme, la croûte se moulera plus ou moins exactement sur ces formes successives et les accusera à mesure qu'elles se produiront. En outre les déformations de l'enveloppe solide seront généralement lentes ou brusques, suivant que celles de l'intérieur auront l'un ou l'autre de ces caractères.

Non-seulement le peu d'épaisseur, mais encore la composition et la structure de la croûte solide en font une enveloppe très-peu résistante. L'étude des terrains nous a en effet appris que, dans toute la portion jusqu'à présent explorée, notre sol est composé de matériaux hétérogènes, en couches ou en masse plus ou moins friables, faiblement adhérentes les unes aux autres, pour ainsi dire juxta-posées suivant des surfaces qui présentent toutes sortes de directions, et offrent de très-nombreuses fractures et de fréquentes dislocations. Un tel ensemble, il est vrai, ne pourra se prêter à un moulage exact et accuser à chaque instant la forme du noyau; mais offrira-t-il une résistance assez énergique pour annuler de puissantes actions mécaniques intérieures? Nous avons déjà donné à cette question une réponse négative. Si donc en réalité la matière en fusion, plus volumineuse et plus dense, vient à changer de figure, ce changement sera indiqué par une modification dans la forme générale de l'enveloppe. Mais eu égard à la structure pour ainsi dire imbriquée et par écailles de cette dernière, le mouvement général se traduira par des effets locaux de diverses natures. Ici un grand plateau, horizontal ou incliné, tournant autour d'un axe donnera lieu à un exhaussement d'un côté, à un affaissement de l'autre; là de grandes masses seront soulevées à peu près verticalement, et d'autres en contact avec elles ou appuyées contre leurs flancs participeront plus ou moins de ce mouvement; en d'autres lieux il y aura des glissements; ailleurs encore des séparations de couches, des ruptures, des dislocations, produites par l'injection de la matière du noyau liquide. En un mot, les caractères des mouvements particuliers à chaque lieu dépendront de circonstances spéciales diverses dont il est sans doute impossible de faire l'énumération.

Toutes ces généralités étant prémises, nous allons passer en revue les diverses actions qui, sollicitant les éléments de notre planète, concourent à lui donner sa configuration générale ou bien tendent d'une manière permanente à modifier la forme actuelle.

CHAPITRE IV.

Oscillations diurnes ou marées du sol.

Nous avons vu que la terre peut être assimilée à l'un des corps hypothétiques que nous avons envisagés dans le § 2 du 1er chapitre, à un corps fluide intérieurement et recouvert tout autour d'une enveloppe incapable de résister efficacement aux modifications de formes que tendrait à prendre le noyau fluide. Mais notre planète tourne sur elle-même, exécutant, autour d'un axe qui passe par son centre de gravité, une rotation complète dont la durée prise pour unité dans la mesure du temps est appelée jour. Or une rotation détermine des actions centrifuges dont les énergies sont proportionnelles directement aux carrés des vitesses des points soumis au mouvement commun ; nulles sur l'axe et par suite aux pôles, ces énergies, à la surface, ont leur maximum à l'équateur du mouvement et des valeurs croissantes des pôles à l'équateur. Ainsi la terre, à raison de sa constitution physique, ne doit pas avoir la figure sphérique; l'équilibre entre l'attraction centrale et les répulsions centrifuges veut qu'elle ait celle d'un ellipsoïde de révolution autour d'un petit axe qui coïncide avec celui de la rotation. Et nous savons qu'en effet telle est la figure de la terre, ce qui est, nous l'avons dit déjà, un indice que, au moins à l'époque où elle a pris sa figure actuelle, notre planète se composait de matériaux fluides ou mobiles les uns par rapport aux autres.

En faisant même abstraction des aspérités de la surface, pouvons-nous dire que la terre ait une figure régulièrement ellipsoïdale? A-t-elle même une figure constamment invariable, en ce sens que tous les points de la surface conserveraient d'une manière permanente leurs distances respectives à un point central? Ou bien la régularité de figure ne serait-elle pas troublée par certaines causes capables de produire perpétuellement des oscillations verticales des points de la surface? Telles sont les questions qui vont nous occuper.

La terre n'a pas que son mouvement diurne: elle parcourt annuellement la circonférence d'une ellipse dont le soleil occupe un foyer. Or tout mouvement autour d'un centre donne lieu à des forces centrifuges. Il paraît clair que l'effet de ces forces doit être ici de produire un renflement au delà du centre et un aplatissement en deçà sur la direction du rayon vecteur qui joint le centre du soleil au-centre de la terre. Mais pendant la rotation diurne, le rayon vecteur rencontre en vingt-quatre heures la surface terrestre suivant une double série de points qui appartiennent sensiblement à deux circonférences parallèles à l'équateur, et qui peuvent ou coïncider avec ce grand cercle ou s'en écarter de 23° 1/2 à peu près, chacune d'un côté. Par conséquent les lieux des déformations maxima dues à la cause qui nous occupe, doivent parcourir les circonférences dont il vient d'être question. Dès lors le mouvement de translation combiné avec celui de la rotation occasionnerait un changement continu, de valeurs variables, dans les positions des points de la surface terrestre par rapport au centre.

La cause que nous venons de signaler, n'a sans doute qu'un effet de peu de valeur, même aux lieux où cet effet est à son maximum. Elle a cependant son influence, influence réelle dont on conçoit l'existence, sans pouvoir l'apprécier ; ses résultats doivent d'ailleurs être masqués par ceux dont nous allons parler. Nous arrivons en effet à considérer au même point de vue les conséquences qui résultent pour la terre de deux actions plus efficaces, la double attraction de la lune et du soleil. Ce sont les résultats de ces deux dernières causes qui méritent surtout de fixer notre attention.

L'attraction lunaire est, comme on sait, la cause principale du phénomène des marées, de cette dénivellation périodique des océans qu'on appelle *flux* et *reflux*. On ne peut guère se refuser d'admettre cette explication du balancement des flots, lorsqu'on voit le phénomène si bien d'accord, quant à sa marche, avec les positions relatives de notre satellite ; si bien d'accord, quant à son intensité, avec la loi des distances relatives de la lune. En effet, la vague met à monter ou à descendre le même temps que dure le quart d'une révolution apparente de la lune autour de la terre, et c'est aux époques du périgée et de l'apogée qu'ont lieu respectivement les marées de plus grande et de moindre hauteur.

Toutefois le soleil exerce évidemment sa part d'action dans la production du phénomène; car suivant les positions relatives des trois astres, soleil, lune, terre, on reconnaît que l'attraction solaire s'ajoute ou se retranche en tout ou en partie à celle de la lune. Mais nous n'avons pas à entrer ici dans les détails; il doit nous suffire d'avoir rappelé la cause générale des marées et la double manifestation du phénomène.

Si la croûte solide du globe supporte dans ses dépressions superficielles des océans neptuniens, nous savons qu'elle emprisonne de toutes parts un océan plutonien de masse incomparablement plus considérable. Sans doute, le liquide igné de l'intérieur, bien qu'à une température très-élevée, peut n'avoir pas la fluidité des eaux salées; probablement même, pâteux dans le voisinage de l'enveloppe, il a peut-être dans toute sa profondeur une certaine viscosité. Quoi qu'il en soit de son degré de fluidité, il est logique d'admettre que le noyau est à un état qui permet assez facilement les mouvements relatifs des parties dont il se compose. La viscosité ne saurait être un obstacle absolu à ces mouvements; elle peut tout au plus influencer la vitesse des déplacements et retrancher à l'amplitude de l'oscillation de la surface. Donc, si nous voyons les mers neptuniennes s'élever et s'abaisser successivement de part et d'autre d'un niveau moyen, nous sommes en droit de conclure que sous les mêmes influences la mer. plutonienne a aussi son mouvement de flux et de reflux. Au surplus, nous savons que la mince pellicule qui recouvre l'océan igné, n'est pas capable d'opposer une résistance efficace aux déformations que tendrait à prendre le liquide plus dense qu'elle emprisonne.

Bien que les éléments nous manquent pour fixer même approximativement l'amplitude de l'oscillation périodique, nous devons nous regarder comme fondés à croire que les marées du liquide igné ont une puissance d'assez grande valeur. Le flot plutonien court en effet sur une surface qui manque de rivages, sans rencontrer de côtes contre lesquelles il vienne buter et mourir. La croûte emprisonnante doit être, il est vrai, tapissée de volumineuses masses cristallines et être accidentée au moins autant qu'à l'extérieur; mais de cette circonstance ne doivent résulter que des modifications partielles dans le mouvement du liquide igné, modifications qui ne se font sentir qu'à des profondeurs relativement faibles. Il peut se faire qu'il en résulte un ralentissement et des divisions du courant général à la surface en courants partiels de directions plus ou moins obliques à celle du premier.

Ainsi, en admettant que la fluidité centrale soit une vérité, et l'hypothèse paraît difficilement contestable, un courant général doit exister dans une profondeur plus ou moins considérable au-dessous de la surface de la mer plutonienne, se dirigeant plus ou moins obliquement vers le centre attractif, d'où émane la résultante des actions réunies du soleil et de la lune. Les obstacles que font les énormes cristallisations, qui sans doute tapissent la surface interne de la croûte, divisent le courant général en une multitude de courants partiels plus ou moins profonds, plus ou moins déviés sur une longueur plus ou moins considérable. En d'autres termes, il existe à la surface de la mer plutonienne un courant général composé d'une infinité de courants partiels, qui tous tendent vers un point situé quelque part vers ou dans les régions équatoriales. Dès lors la matière liquide affluant de deux côtés vers ce point, les deux systèmes de courants doivent faire que là, au lieu de leur concours, la matière s'accumule en plus grande quantité que partout ailleurs et y détermine un flot de hauteur maximum. Le point de concours dont il vient d'être question est d'ailleurs déterminé par l'intersection avec la surface terrestre du rayon vecteur mené du centre de la terre au point d'où émane la résultante des attractions, et, comme pour les marées neptuniennes, le point de la surface terrestre diamétralement opposé est aussi uu point d'afflux du liquide bouillonnant. Tandis que le maximum de hauteur n'a lieu qu'aux extrémités d'un même diamètre, il existe une infinité de lieux où se fait un minimum ; car on conçoit que le minimum doit se produire sur toute la circonférence du grand cercle dont les lieux des maximum sont les pôles géométriques. Enfin, entre ces lieux où les altitudes du liquide igné prennent des valeurs extrêmes dans les deux sens, il se produit des altitudes de toutes les valeurs intermédiaires. Il résulte de là que si la résultante des attractions conservait un centre d'émanation qui fût fixe, il s'établirait bientôt un équilibre qui donnerait à la surface de la mer de feu une figure permanente, c'est-à-dire que chaque point superficiel, après avoir pris l'altitude qui lui conviendrait, persisterait dans cette altitude.

Mais le centre des attractions extérieures n'est pas fixe. De la rotation diurne de la terre il résulte qu'en 24 heures à peü près le point d'application de la résultante des attractions lunaires et solaires semble tourner autour de la terre, comme le soleil et la lune semblent eux-mêmes tourner autour de nous. Ainsi les points de concours des systèmes de courants des hémisphères qui ont pour pôles ces points, tournent dans le même espace de temps, décrivant de part et d'autre de l'équateur deux circonférences sensiblement parallèles à cette ligne, en même temps que la circonférence des lieux de hauteurs *minima* tourne autour d'un diamètre perpendiculaire à la ligne des *maxima*. Par conséquent, chaque point d'un exhaussement *maximum* ou *minimum*, chaque point où l'altitude de la surface du liquide prend une valeur quelconque, parcourt dans à peu près un jour une ligne de la surface qui se rapproche de celle d'une circonférence qui n'est pas très-inclinée par rapport à l'équateur.

Nous venons de dire que chaque flot plutonien parcourt à peu près une circonférence terrestre pendant une période que nous avons appelée *jour;* mais il faut comprendre que c'est du jour lunaire que nous avons entendu parler, puisque c'est l'attraction de notre satellite qui est la cause principale du phénomène, comme dans les marées neptuniennes. Ainsi comme le jour lunaire est, en temps solaire moyen, de 24 heures 50 minutes 28 secondes, c'est à cet espace de temps que nous devons assigner la durée d'une période complète du phénomène des marées de l'océan de feu.

Quant aux époques où, pour un même lieu, l'oscillation aura respectivement la plus grande ou la moindre amplitude, elles correspondraient à celles où les marées neptuniennes atteignent les mêmes degrés de hauteur, puisque les unes et les autres reconnaissent les mêmes causes. Pour les unes comme pour les autres, les *maxima* et les *minima* se feront aux époques de l'année où la résultante des attractions aura elle-même sa plus grande et sa moindre valeur, c'est-à-dire respectivement aux syzygyes et aux quadratures. Toutefois, nous devons le reconnaître, les faits de dénivellation de la mer de feu auront, avec ceux de même ordre qui se produiraient sur une mer aqueuse de même volume, des différences qui seront dues surtout à la grande viscosité possible du liquide igné superficiel. Ces différences devront consister en un retard plus grand de la manifestation de l'effet sur l'instant de l'action de la cause et probablement aussi en une moindre amplitude de l'oscillation.

La croûte solide du globe peut être considérée comme si elle s'appuyait de toutes parts, d'un contact immédiat, sur la surface de la mer bouillonnante qu'elle emprisonne ; d'un autre côté, cette croûte ne peut empêcher d'une manière absolue, mais seulement gêner les déformations superficielles de la mer plutonienne ; car, répétons-le encore, le peu d'épaisseur et la structure de l'écorce terrestre la rendent faiblement résistante, vu que d'ailleurs la matière en fusion, de plus grande densité, a ainsi une masse incomparablement plus considérable. La croûte solide du globe doit donc, disons-nous, suivre, dans le sens de la verticale, en chaque région tous les mouvements de la surface liquide qui la porte ; ou bien encore, de même que l'Océan, de même que l'atmosphère, de même que la mer bouillonnante intérieure, le sol terrestre a ses marées.

Ainsi, dans chaque période de temps, de 12 heures 25 minutes 14 secondes, le sol d'une région *quelconque* est successivement et progressivement soulevé, puis affaissé. Mais l'amplitude du mouvement dans le sens vertical est loin d'avoir dans toutes les régions géographiques la même valeur ; elle atteint son maximum dans des régions qui appartiennent à la zone torride et décroît de ces points jusqu'à d'autres qui en sont à 90°. Nous savons de plus que, pour un même lieu, la valeur de l'amplitude n'est pas constante, mais qu'elle varie au contraire avec les positions relatives de la terre, de la lune et du soleil ; que le maximum a lieu aux syzygyes, le minimum aux quadratures, et qu'aux époques intermédiaires l'effet est d'une valeur moyenne entre ces valeurs extrêmes. En un mot, les variations des marées du sol obéissent à des lois qui sont semblables à celles qui régissent les marées des océans.

L'existence des marées montantes et descendantes de la mer plutonienne et du sol nous semble théoriquement établie ; elle nous paraît la conséquence logique de principes certains appliqués à des observations qui méritent confiance. Dès lors l'acceptera-t-on, lors même qu'on ne pourrait en donner aucune preuve physique ? On n'a pas attendu la belle démonstration de M. Foucault pour expliquer par la rotation de la terre l'alternative des jours et des nuits. Cependant, comme quelques-uns contestent encore que le globe soit fluide à l'intérieur, la vérification physique du fait serait d'un grand intérêt. Mais une telle vérification est-elle possible ?

D'abord rien dans le mouvement en lui-même ne saurait avertir l'homme de son existence, puisqu'il doit se faire avec lenteur et sans secousses. Pour le constater, il faut de toute nécessité recourir à l'observation de phénomènes secondaires, à l'observation d'effets ou de portions d'effets qui peuvent devoir leurs causes à ces oscillations. Parmi ces effets il en est un qui se présente facilement à l'esprit, c'est la variation du rayon de courbure d'un arc de longueur linéaire constante. On conçoit que ce rayon doit diminuer lorsque se produit le renflement et augmenter lorsque succède ensuite l'aplatissement. Dès lors la flèche de l'arc sphérique compris entre deux points considérés doit varier dans un sens opposé à celui de la variation du rayon, c'est-à-dire que la flèche doit augmenter ou diminuer suivant que le rayon de courbure diminue ou augmente. Il résulte de là qu'un point intermédiaire à deux autres doit prendre un niveau plus élevé par rapport à ceux-ci, lorsque ce point intermédiaire, après avoir été le lieu d'un aplatissement, devient celui d'un renflement. Mais les variations du rayon de courbure en un lieu sont des fractions très-petites de ce rayon, et ainsi les variations de la flèche d'un arc de longueur constante, qui passe par deux points déterminés, doivent être des longueurs très-peu considérables, si les points ne sont pas très-distants l'un de l'autre.

Un autre ordre de causes, qui contribuent à rendre très-délicates les observations dont nous nous occupons, dérivent de la structure imbriquée et par écailles de l'écorce terrestre ; car cette structure peut occasionner des irrégularités locales dans le mouvement.

L'afflux et le reflux de la matière liquide sous un système d'*écailles* peuvent avoir pour effet, non-seulement de les soulever ou de les abaisser, mais de déterminer des rotations de quelques pièces de l'imbrication autour de certains axes. De là se feraient un relèvement des roches tournantes d'un côté de l'axe et un abaissement du côté opposé. L'effet général de la marée montante ou descendante serait ainsi augmenté ou diminué d'un effet local, qui, dans le second cas, pourrait même masquer le mouvement général. On peut comprendre, d'après cela, que la dénivellation peut ne pas se manifester par un changement de niveau dans une certaine direction, bien que cette dénivellation existerait. De cette considération il faut conclure la nécessité de faire en chaque station des observations dans des directions différentes, si l'on veut pouvoir en déduire une opinion sur l'existence ou l'absence du mouvement du sol.

Cela posé, à cette question, la manifestation physique des marées du sol est-elle possible, nous répondrons que, malgré les difficultés et la délicatesse de l'observation, nous croyons à l'affirmative, pourvu que l'observateur se place dans les conditions les plus convenables et s'entoure de tous les éléments qui constituent la précision. C'est incontestablement vers les régions équatoriales que ce genre de constation aurait le plus de chances de succès, parce que c'est nécessairement en ces régions que, toutes choses égales d'ailleurs, le mouvement doit être le plus marqué. Mais il est possible que l'observation donne des résultats mesurables même sous des latitudes moyennes, si l'on se place en des points où l'on puisse découvrir au loin dans un certain nombre de directions différentes. Peut-être aussi doit-on prendre de préférence des stations situées au milieu de sols accidentés ou tourmentés par de violents cataclysmes dans les âges géologiques passés, par exemple sur l'arête d'une chaîne de montagnes ou au centre d'un soulèvement rayonné.

Enfin le choix des époques a aussi son importance évidente. On devra donner la préférence à celles où les marées des eaux salées ont la plus grande amplitude ; car, nous le savons, c'est aux mêmes époques, à quelque retard près, que la mer ignée doit avoir les marées de plus grande valeur, et que, par suite, on pourra plus facilement reconnaître l'existence des mouvements oscillatoires de la terre ferme, si la réalité de ces mouvements peut être constatée physiquement.

Entrons dans quelques détails sur un procédé applicable à l'observation dont il s'agit. Concevons qu'on ait fixé la position du niveau d'un lieu par rapport à d'autres situés autour de lui, à d'assez grandes distances, au moyen de lignes de visées passant par des points de repères fixes du lieu d'observation. Qu'on emploie, par exemple, pour assurer les visées, des tubes droits à parois opaques, des tubes métalliques, n'offrant qu'une petite ouverture à l'une des extrémités et munis à l'autre d'un système de deux fils croisés. Chaque tube pourra être fixé, lorsque le rayon visuel, passant par l'ouverture oculaire et le croisement des fils opposés, rencontrera un point de repère le plus éloigné qu'on pourra prendre. Nous devons faire remarquer qu'il n'y a pas nécessité à ce que les tubes soient horizontaux, et que leurs directions doivent être déterminées uniquement par les positions des points de repères. Nous avons dit d'ailleurs pourquoi il est bon d'installer plusieurs tubes, et de fixer des lignes de visées dans plusieurs directions. Nous avons eu occasion, en effet, d'appeler l'attention sur ceci que la dénivellation peut être fortement influencée par des circonstances locales.

Les tubes étant fixés dans les conditions que nous

venons de dire, supposons que par un afflux de matériaux souterrains il se produise un renflement du sol dans le lieu de la station. Le rayon de courbure de l'intersection de la surface extérieure par le plan vertical d'une ligne de visée prendra une plus grande longueur ; l'arc double de celui qui va de la station au point de repère correspondant conservant sa longueur linéaire, la corde de cet arc diminuera et sa flèche augmentera. Ainsi la station s'élèvera au-dessus de sa position première, et on verra la ligne de visée s'élever au-dessus du point fixe éloigné. S'il se fait, au contraire, un retrait de matériaux souterrains, et qu'il y ait affaissemment de la station, à l'affaissement correspondra un applatissement au même lieu et par suite une augmentation dans la longueur du rayon de courbure. On conçoit qu'alors, l'arc conservant sa longueur linéaire, la flèche diminuera et la ligne de visée passera au-dessous du point de repère.

Toutefois, ce ne serait qu'après un certain nombre d'observations qu'on pourrait s'autoriser à se prononcer sur les conséquences ; car la réfraction, par exemple, ou un faible dérangement d'un des tubes, pourrait très-bien induire en erreur. Au reste, l'un des caractères essentiels du phénomène à reconnaître, c'est qu'il doit obéir à une loi de périodicité. Les résultats de l'observation ne seront donc décisifs que si l'on peut constater cette périodicité dans les effets même apparents. De là résulte la nécessité que les observations soient multipliées et suivies pendant un assez grand nombre de jours consécutifs.

Nous avons à plusieurs reprises essayé le mode d'observation que nous venons de décrire, avec les conditions d'instruments et d'orientation dont nous avons parlé dans cette description. La station était dans chaque cas l'un des sommets de la chaîne des Vosges qui limite la vallée d'Alsace du côté opposé au Rhin. Nos points de repères étaient pris dans la plaine , sur la chaîne même des Vosges et sur les monts du pays de Baden ou sur ceux de la Suisse , à des distances qui n'étaient pas moindres que 40, 50 ou 60 kilomètres et plus encore. Nous avons pris, pour fixer nos lignes de visées, toutes les précautions dont nous pouvions disposer en vue de les garantir contre un dérangement. Malheureusement nous n'avions à dépenser chaque fois qu'un nombre d'heures trop restreint ; aussi nous ne disons qu'avec beaucoup de réserve les résultats de nos essais trop peu multipliés et trop peu prolongés dans chaque cas.

Donc nous avons *cru* reconnaître l'existence du mouvement que nous soupçonnions assez grand pour se manifester à la vue. Les points de repère éloignés nous ont *paru* passer à diverses reprises tantôt au-dessus, tantôt au-dessous des lignes de visées. Un jour entre autres d'une station au pied du Hoh-Kœnigsburg , un point blanc, probablement la cheminée d'un maison d'un mont situé dans le voisinage des glaciers suisses, nous a *paru* s'abaisser *très-sensiblement* pendant une partie de la durée de notre observation , puis se relever ensuite et monter au-dessus de la ligne de visée.

Toutefois, hâtons-nous de le dire, les mouvements *apparents* ont été trop faibles dans chaque cas pour que nous osions affirmer que nous n'avons pas pris une illusion pour une réalité trop vivement recherchée et même *désirée.* — Puis le procédé d'observation dont nous avons usé , les instruments que nous avons employés , le mode

de fixation de ces instruments, offrent-ils toutes les ga-
ranties de précision désirables en pareil cas? Ne peut-il
être arrivé que, sous l'action d'une température qui a
nécessairement varié pendant la durée de chaque observation, les tubes aient subi une déformation? Et les fils
d'attache, soumis aux influences hygrométriques, n'ont-
ils pu aussi apporter leur part d'erreur? Il est à désirer
donc que les expériences soient reprises et plus longtemps continuées : c'est ce que nous nous proposons de
faire, et nous dirons dans l'une des *études* suivantes les
résultats que nous auront fournis nos nouvelles observations.

Mais le baromètre qui, par les variations de hauteur
de sa colonne mercurielle, fait apprécier les variations
des altitudes, pourrait-il être pris ici pour indicateur des
mouvements du sol? A l'aide de cet instrument on a su
déterminer, en effet, les altitudes par rapport au niveau
de la mer de beaucoup de points géographiques, et l'approximation du résultat a été reconnue satisfaisante,
lorsque d'autres procédés de mesure ont pu servir de
moyens de vérification. Malheureusement, les indications de l'instrument ni les formules appliquées à ces
indications ne sont applicables à la constatation ni à la
mesure des mouvements qui nous occupent. Bien que
la hauteur de la colonne barométrique soit soumise à
des oscillations diurnes dont l'amplitude est comprise
entre $0^m,002$ et $0^m,003$ dans la zone torride ; bien que
cette amplitude décroisse à mesure que la latitude augmente, comme le voudrait notre théorie, si les mouvements du baromètre étaient la conséquence de ceux du
sol, nous n'osons rien en conclure relativement à l'existence et à l'amplitude de l'oscillation verticale de la

croûte. Il peut se faire que cette oscillation ait sa part d'action dans la production du phénomène barométrique; mais quelle serait cette part? L'atmosphère est soulevée par le sol qui la porte, et s'abaisse avec lui; l'atmosphère est aussi soumise à des marées dont les flux et les reflux peuvent, pour les époques, coïncider ou ne pas coïncider avec le flux ou le reflux de l'océan plutonien, et ainsi le problème est extrêmement compliqué. Nous ne disons même rien de ce que dans les variations de la hauteur barométrique on a semblé reconnaître le jour solaire pour la durée de la période : peut-être, si les observations étaient reprises sans idée préconçue, reconnaîtrait-on que c'est le jour lunaire qui marque cette durée.

Les faits barométriques donc ne peuvent être invoqués en faveur de notre thèse des oscillations du sol sous l'action de courants; mais nous avons à faire un rapprochement au moins singulier entre la direction de l'aiguille aimantée et celle des courants plutoniens de notre théorie. Les physiciens ont reconnu que la plupart des actions physiques et chimiques sont des sources d'électricité, et que, d'un autre côté, une aiguille aimantée, soumise à l'influence d'un courant d'électricité, tend à prendre une direction perpendiculaire à celle de ce courant. Cela posé, l'existence des courants mécaniques des mers internes étant admise, pourra-t-on se refuser d'admettre aussi qu'il se développe de l'électricité au contact de la matière bouillonnante avec la croûte superposée ? Il semble, en effet, que des frottements, des agitations, de tous les phénomènes physiques et chimiques, conséquences du mouvement, doive résulter un développement successif d'électricité, qui, suivant la vague plutonienne, peut produire une apparence de courant électrique de même direction. Ainsi le courant électrique, de même que le courant mécanique, sensiblement parallèle à l'équateur dans les régions torrides, serait de plus en plus oblique à ce cercle, à mesure que la latitude augmente, soit dans l'un soit dans l'autre hémisphère géographique. Mais, tandis que le courant de l'hémisphère boréal dévierait de la ligne E. O. vers le S., celui de l'hémisphère austral dévierait de la direction E. O. vers le N. Si donc la direction de l'aiguille aimantée était régie par le courant de la marée plutonienne, cette aiguille devrait prendre dans les régions équatoriales une direction peu différente de la parallèle à l'axe de la rotation ; à des latitudes de plus en plus élevées, soit dans l'hémisphère nord soit dans l'hémisphère sud, la direction devrait dévier de plus en plus du parallélisme à l'axe de la rotation, et les déviations devraient se faire dans deux sens opposés pour les deux hémisphères.

N'est-il pas remarquable, si l'on fait abstraction des perturbations, que les faits de la déviation réelle de la boussole s'accordent avec les prévisions de notre théorie des marées internes? Ainsi l'équateur magnétique ou le lieu des points sans déclinaison, et celui des points sans inclinaison, sont dans la zone torride, et les déclinaisons, aussi bien que les inclinaisons de l'aiguille aimantée, vont croissant à mesure qu'on s'avance vers les pôles terrestres.

Tel est le rapprochement singulier que nous avons cru devoir signaler à l'attention. Nous avons fait abstraction des perturbations ; mais un grand nombre de ces exceptions à la généralité ne trouveraient-elles pas leur explication dans des courants partiels mécaniques, divisions du courant plutonien général? Au surplus, nous avons voulu surtout, en émettant l'idée, la livrer à la discussion des hommes compétents. — Et puisque nous venons de parler du magnétisme terrestre et de la direction de la boussole, qu'il nous soit permis de dire ici *que les déclinaisons de l'aiguille aimantée diffèrent pour des lieux dont les latitudes sont peu différentes, de quantités souvent beaucoup plus grandes qu'on ne l'admet communément :* les différences peuvent s'élever à *quelques degrés*, lorsqu'on les soupçonne seulement de *quelques minutes.* — Cette remarque nous est suggérée par les résultats de mesures directes; d'où nous concluons que des observations intéressantes sont à faire, dans les limites mêmes de la France, sur la direction réelle de l'aiguille aimantée par rapport à la méridienne géographique.

CONCLUSIONS OU RÉSUMÉ.

Terminons ici l'*étude* sur les marées de l'Océan plutonien et du sol, et résumons.

Il nous semble à peine contestable que notre terre, d'abord gazeuse et à une température extrêmement élevée, est arrivée à son état actuel en passant par toutes les conditions intermédiaires d'état physique et de chaleur. Aujourd'hui encore le refroidissement de notre planète se continue et sa température propre s'abaisse; mais *ce n'est pas de cette cause* que pourrait nous venir, avant des milliers de milliers de siècles, un climat rigoureux comme celui des Lapons. Il résulte en effet des calculs du savant Fourrier que, dans les conditions actuelles, un abaissement de $0°,1$ dans la température propre exigerait des centaines de siècles, et en outre le refroidissement, d'après une loi connue, va se ralentissant.

Toutefois les causes qui ont concouru à donner ses reliefs successifs à la surface terrestre n'ont pas aujourd'hui cessé leurs actions respectives. D'abord nous voyons les causes neptuniennes ou aqueuses et joviennes ou atmosphériques augmenter de bas en haut l'épaisseur de la croûte dans les dépressions du sol ; les courants des eaux pluviales, avec l'aide des alternatives du froid et de la chaleur, des alternatives de l'humidité et de la sécheresse, transportent des hauteurs dans les plaines des débris des roches des montagnes ; les fleuves charrient et amènent dans les lacs ou à la mer des quantités énormes de détritus des trois règnes, qui font dans les bas-fonds de puissantes couches stratifiées. D'autre part, le refroidissement, quoique ràlenti, ne se continue pas moins et ajoute à la surface interne de la croûte des cristallisations qui l'épaississent de haut en bas, et le liquide bouillonnant interne n'a pas renoncé à sa lutte contre les parois qui essaient de l'emprisonner.

Les marées déterminées par l'attraction lunaire surtout, qui agitaient primitivement la surface libre de la mer de feu, continuent sans doute à l'agiter encore. Donc aussi la croûte solide, si peu épaisse, si peu dense relativement et par suite si peu résistante, suit les mouvements verticaux de la surface de la mer plutonienne, et deux fois par jour lunaire, comme la surface de nos océans, le sol qui nous porte monte et descend avec lenteur et sans secousse. Néanmoins, par sa continuité, ce mouvement doit préparer dans la pellicule imbriquée la facilité de ces désordres, de ces dislocations que viennent y occasionner les causes violentes.

Par la raison que les formations ont été troublées par de fréquents cataclysmes, il existe au-dessous de la surface, parmi les masses constituantes des terrains, de nombreux vides où se rassemblent les eaux météoriques, de nombreux canaux où elles s'écoulent de l'un à l'autre des réservoirs souterrains. Ce sont ces réservoirs qui alimentent les puits artésiens ; ce sont ces canaux qui. débouchant au jour de l'atmosphère, font les sources de nos rivières et de nos fleuves. Ainsi, outre que la surface terrestre est sillonnée de cours d'eau, outre que les mers en occupent près des quatre cinquièmes avec une profondeur moyenne de plusieurs kilomètres, le sous-sol est criblé, comme une éponge, de cavités de toutes formes : il a ses fleuves, il a ses lacs, il a ses mers. Mais les parois inférieures de ces réservoirs, qu'ils soient à ciel ouvert ou qu'ils soient souterrains, ne sont pas absolument imperméables à l'eau; aussi, en vertu de son poids, le liquide pénètre successivement à des profondeurs de plus en plus grandes. Dès lors une sorte de transsudation, une espèce de *sueur*, doit arriver jusqu'aux régions à température élevée, et s'y vaporisant former avec d'autres substances gazeuses une atmosmosphère très-lourde, continue ou interrompue, entre le liquide bouillonnant et son enveloppe solide. La transsudation devenant par une cause quelconque plus abondante, le sol s'élève; la transsudation perdant de sa valeur ou des vapeurs préexistantes s'échappant, le sol s'affaisse. Par ces causes on peut s'expliquer les faits de mouvements lents constatés et signalés en beaucoup de lieux.

L'agitation continuelle de la surface enflammée qui porte la lourde atmosphère interne ou sur laquelle s'appuient des régions de la croûte, les réactions physiques et chimiques au contact de cette atmosphère et des parois sont incontestablement des sources puissantes d'électricité. De là dans l'atmosphère souterraine des mouvements tumultueux, des tempêtes effroyables, avec des tonnerres dont quelquefois les mugissements se font entendre aux habitants de la surface. Que, sapée par une de ces tempêtes, la croûte vienne à s'entrouvrir au-dessous d'une mer ou d'un lac souterrain, que de grandes masses d'eau soient engouffrées dans la fournaise avec des roches aptes à donner des gaz, la tempête souterraine redouble de force et de furie, la croûte secouée violemment par la tension des vapeurs et des gaz renverse les villes, entr'ouvre les sols, fracasse les montagnes; les laves de la mer de feu, pressées violemment et brusquement, s'élancent brusquement et violemment par les conduits et les crevasses voisines de la région tempêtueuse. Voilà pour expliquer les volcans, qui font une désolation de pays richement cultivés et carbonisent des villes ; voilà pour expliquer les convulsions du sol, les tremblements de terre, qui, en quelques minutes, en quelques secondes, bouleversent toute une contrée, changent des cités florissantes en amas informes de décombres et ensevelissent des milliers d'habitants sous des ruines désolées.

Qu'on joigne aux causes précédemment énumérées le déplacement de l'axe de la rotation diurne dans l'intérieur de la terre, on aura tous les éléments de l'explication des phénomènes géologiques du passé ; peut-être même est-ce là qu'il faut chercher aussi les mots des énigmes météorologiques du présent ; et, suivant le poëte anglais, le passé n'est-il pas l'ombre de l'avenir ? En un mot, l'histoire du passé, du présent, de l'avenir de notre planète se lie probablement d'une manière intime aux définitions rigoureuses et complètes du phénomène du déplacement de l'axe de la rotation diurne et de ceux qui résultent de l'existence d'une mer plutonienne.

NOTICE COMPLÉMENTAIRE.

Dans un précédent fascicule, sous le titre *Esquisse d'une étude sur les variations de latitude et de climat dans la région française et sur leur cause*, nous avons eu à nous occuper de la question du déplacement, dans l'intérieur de la terre, de l'axe de la rotation diurne de notre planète. Tout en avançant l'hypothèse de ce déplacement comme explication du fait de la précession des équinoxes, nous n'avons pas affirmé que ce fût une réalité : nous avons énuméré quelques considérations sur lesquelles on peut se fonder pour admettre *seulement la possibilité* de l'explication.

Nous n'ignorions pas que les géomètres qui ont traité mathématiquement la question, ont formulé des conséquences qui sont la négation de cette *possibilité;* mais, avons-nous dit, ce n'est pas *notre* problème qui a été résolu par ces savants. Les équations par lesquelles ils ont engagé la question s'appliquent à une masse qui serait tout entière à l'état solide, dont le centre de gravité persisterait à rester au même point de son intérieur. Notre terre est-elle assimilable à un tel corps ? Non, assurément. C'est ce que nous avons cherché à établir dans l'étude que nous publions aujourd'hui. En outre de ce que notre sphéroïde est entouré d'une atmosphère, en outre de ce que ses dépressions superficielles reçoivent de vastes océans, ce sphéroïde emprisonne dans une croûte solide une mer plutonienne d'une masse considérable. Tous les fluides qui entrent comme parties dans le système, toutes les mers, jovienne, neptunienne, plutonienne, sont agitées de *marées,* qui font que le centre de gravité de notre planète n'est pas fixe et qu'il peut en résulter par suite une oscillation dans l'axe de la rotation diurne. Tel est l'élément qu'on ne pouvait pas faire entrer dans les équations, l'expression de sa valeur réelle étant inconnue. La solution mathématique donc n'est pas jusqu'ici suffisante, et même, ajoutons-nous, c'est à l'observation qu'il faut demander les éléments d'une réponse.

Aussi dans l'œuvre rappelée nous sommes-nous adressé à l'observation. Après avoir cherché des arguments dans les états relatifs des sols, nous avons demandé à l'histoire ses indications sur les climats successifs de la région française ; nous avons ensuite rapproché les dates des renseignements historiques de certaines dates *astronomiques*. De là, nous avons cru admissible que notre climat, après s'être amélioré du commencement de notre ère à l'époque du moyen âge, soit entré depuis dans une période de dégradation. Mais *astronomiquement*, avec notre hypothèse du déplacement de l'axe, notre région française aurait subi des climats plus rudes dans les temps antérieurs à notre ère. Or les découvertes récentes des paléontologistes semblent indiquer qu'il en aurait été ainsi, et qu'un climat rigoureux comme celui de la Laponie aurait sévi dans nos contrées même méridionales.

De l'ensemble des considérations auxquelles nous nous sommes livré, nous avons conclu la *possibilité* du déplacement de l'axe de la rotation diurne, et nous avons exprimé le vœu que des mesures exactes des latitudes fussent suivies pour faire connaître, par des résultats certains, si l'axe de la rotation diurne persiste ou ne persiste pas à coïncider avec un même diamètre terrestre.

www.ingramcontent.com/pod-product-compliance
Lightning Source LLC
LaVergne TN
LVHW050632060726
842527LV00004B/1280